U0205713

国家中等职业教育改革发展示范学校系列建设成果

# 化学分析基本操作

李　敏　主编

张永清　主审

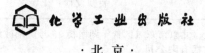

化学工业出版社

·北京·

本教材介绍了化学分析基本操作的相关知识，具体包括 4 个模块，分别是学前必备、滴定分析基本操作、沉淀重量法基本操作、酸（碱）标准滴定溶液的制备。每一模块中以任务为基本项目，注重对学生综合能力的培养，力求使教材更具有实用性、直观性和针对性。

本书为中等职业学校工业分析专业教材及相关专业分析化学课程的入门教材，也可供从事分析检验工作的人员参考。

**图书在版编目（CIP）数据**

化学分析基本操作 / 李敏主编 . —北京：化学工业出版社，2013.7（2024.8 重印）
国家中等职业教育改革发展示范学校系列建设成果
ISBN 978-7-122-17698-1

Ⅰ.①化…　Ⅱ.①李…　Ⅲ.①化学分析-中等专业学校-教材
Ⅳ.①065

中国版本图书馆 CIP 数据核字（2013）第 137234 号

责任编辑：陈有华　旷英姿　　　　　　文字编辑：颜克俭
责任校对：边涛　　　　　　　　　　　装帧设计：王晓宇

出版发行：化学工业出版社（北京市东城区青年湖南街 13 号　邮政编码 100011）
印　　装：北京虎彩文化传播有限公司
710mm×1000mm　1/16　印张 7　字数 132 千字　2024 年 8 月北京第 1 版第 10 次印刷

购书咨询：010-64518888　　　　　　售后服务：010-64518899
网　　址：http://www.cip.com.cn
凡购买本书，如有缺损质量问题，本社销售中心负责调换。

定　　价：21.00 元

# 序

发现每个学生的天赋，并有能力将其与当今社会的需求有机结合，把学生培养成为行业的天才，这是每个职业教育工作者的梦想。

上海信息技术学校的教师在多年实践中发现，每个学生都具有他们各自的特质，有的擅长抽象思维，有的擅长形象思维，前者可以成为学术型专家，后者可以成为技术技能型专家。我们的学生多半是后者。

怎样让我们的学生获得行业最新的知识、技能等工作要求；怎样让学生更快、更好地掌握这些要求；怎样让学生在学习中既感到责任又感到快乐，正是我们全校教师的孜孜追求。

基于这样的梦想和追求，在国家中等职业教育改革发展示范校的创建过程中，上海信息技术学校组织编写了20本校本教材。为让教材能提供"怎么做"和"怎么做更好"这样的经验性和策略性问题，教材内容全部由行业、企业专家提供，保证准确定位；由教师按学生的学习心理特征转化为教材，保障方法科学可行。

"知识的总量不变，知识的先进性和排序方式发生变革。"针对这种新的职业教育课程开发模式所蕴含的要求，我们择选了其中10本出版，以期能在"三个示范"（改革创新的示范、提高质量的示范、办出特色的示范）方面作出一些探索，供同行相互交流。

# 前 言

"化学分析基本操作"是在学生学完"无机化学"之后,又在学习"分析化学"之前的一门非常重要的工业分析专业学生必修课程,也可作为相关专业分析化学课程的入门教材,以及从事分析检验人员的学习材料。

以往的化学分析基本操作都涵盖在《分析化学实验》教材中,这样重点不够突出、鲜明。随着职业教育的深入发展以及分析化学领域的不断更新,同时为适应新时期的中职分析化学教学,并兼顾教学实习的要求,现将"化学分析基本操作"独立出来,并加入了学习化学分析基本操作时必须具备的一些基本知识,如实验室安全、定量分析中的数据处理等,同时加入了大量的图片,使之图文并茂,更适合个体化的教与学,使学生更容易掌握每一步基本操作的要领。在学习方法的引导上,力求目标明确,以基础知识为铺垫,以技能训练为重点,以能力培养为宗旨。

本教材以模块化为基点,共包括:学前必备、滴定分析基本操作、沉淀重量法基本操作、酸(碱)标准滴定溶液的制备四大模块。每一模块中以任务为基本项目,任务中分别进行了"任务要求、任务目标、任务描述、任务分析、任务训练、任务评价"六项内容的描述。其中以"任务要求和任务目标"为引领、以"任务描述和任务分析"为基本知识点的铺垫、以"任务训练"为技能操作的强化、以"任务评价"为考核和自我评估等,使之更注重学生综合能力的培养,更具有实用性、直观性和针对性。

本书由李敏主编,上海化工研究院副总工程师,教授级高工张永清主审。模块一、模块四由张雍洁编写;模块二中任务一、任务四、任务五和模块三由金诚洁编写;模块二中任务二、任务三、任务六由李敏编写,全书由李敏统稿。在编写过程中得到了张永清和化学工业出版社的大力支持和帮助,在此表示诚挚的谢意。

由于编者水平有限,书中不当之处在所难免,恳请读者批评指正。

编者

**2013 年 5 月**

目录 CONTENTS

# 教材内容提要

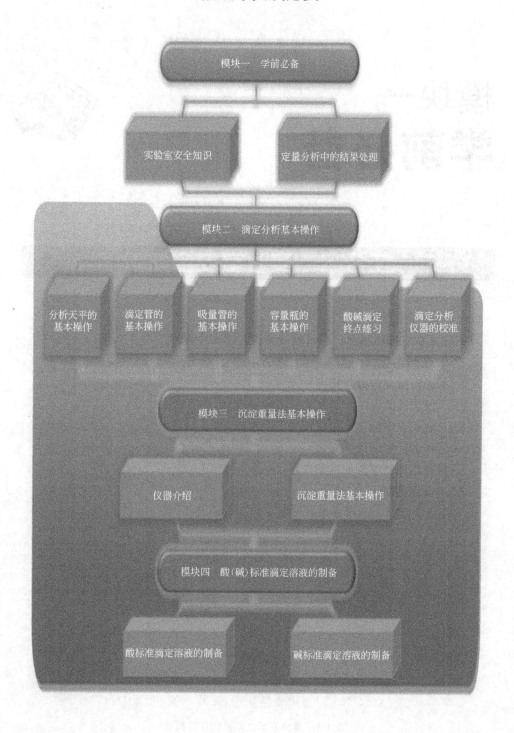

# 模块一
# 学前必备

## 一、任务要求

明确实验室操作规程，严格遵守实验室的安全准则。

## 二、任务目标

1. 掌握实验室的操作规则。

2. 了解实验室电、水、火、气的安全准则。

3. 了解实验室化学药品使用的安全准则。

4. 了解实验室的废液处理。

5. 掌握实验室事故的应急处理。

## 三、任务描述

实验室安全知识的任务描述见图1-1。

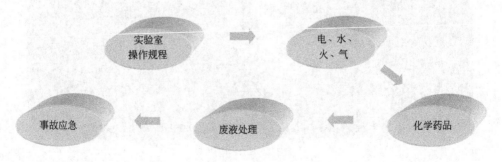

图1-1　实验室安全知识的任务描述

# 四、任务分析

## （一）实验室操作规程（见表 1-1）

表 1-1　实验室操作规程

|  |  |
|---|---|
| 1. 实验场所应保持清洁,严禁吸烟、饮食,养成良好的实验习惯<br>2. 实验室内应保持安静,严禁大声说话、嬉戏打闹<br>3. 实验前应认真预习,了解实验中所用危害性药品的安全操作方法<br>4. 进入实验室,应熟悉水、电、煤气开关及灭火器材等安全用具的放置地点和使用方法 |  　禁止吸烟　禁止饮用<br>　禁止用水灭水 |
| 5. 进入实验室,需穿着统一的工作服。强酸、强碱的移取操作,观察实验现象及其他危险操作时需佩戴必要的防护用品,如:防护眼镜、橡胶手套、防毒面具等<br>6. 留长发的人员需将长发盘起<br>7. 进入实验室后,未经允许不得动用实验室的任何仪器设备和试剂<br>8. 实验开始前,认真检查仪器是否有损坏,装置是否正确稳妥后方可进行实验<br>9. 实验过程中,未经允许不得擅离岗位。任何化学药品使用后应放回原处<br>10. 实验过程完成后,残渣、废液等应按规定进行处理<br>11. 实验结束,离开实验室前必须及时洗手、打扫实验室,检查水、电、煤气及门、窗是否已关好后,方可离开 |  　必须穿防护服　必须戴防护手套<br> 　必须戴防护眼镜　必须戴防毒面具<br> 　禁止抛物　禁止触摸 |

## （二）实验室电、水、火、气的安全准则（见表 1-2）

表 1-2　实验室电、水、火、气的安全准则

|  |  |
|---|---|
| 1. 不用潮湿的手接触电器,以防止触电<br>2. 电器设备必须接地或用双层绝缘。电线、电源插座、插头必须完整无损,如遇线路老化或损坏应及时地更换。修理或安装电器时,应先切断电源 | 　当心触电 |
| 3. 实验室应节约用水,取水完后应注意及时地关闭取水开关<br>4. 在使用易燃气体和易燃试剂的实验室内应避免使用明火或存有灼热体。灼热的物品、各种加热器都应放在石棉板上<br>5. 气体在搬运、使用、存放应符合规定<br>6. 保证实验室前后门敞开,确保安全通道畅通 |  　当心火灾　当心爆炸<br>　安全出口 EXIT |

## （三）实验室化学药品使用的安全准则（见表1-3）

**表1-3　实验室化学药品使用的安全准则**

| | |
|---|---|
| 1. 所有的试剂、试样容器上都必须贴有标签,注明其内容物及有效时间<br>2. 使用有挥发性(浓盐酸、浓硝酸、浓氨水等)、有毒、有腐蚀性试剂或气体(氰化物、汞盐、镉盐、铅盐和砷化物等试剂;$H_2S$、$Cl_2$、$NO_2$、$HF$ 等气体;苯、四氯化碳、乙醚、硝基苯等蒸气)时,应在通风橱内进行操作,并使用防溅面罩,防止意外事故发生<br>3. 易燃气体(氢气、甲烷、乙烯、乙炔、煤气等)应储备在专门钢瓶内,置于专门的阴凉通风处,并有禁火标志<br>4. 易燃液体(汽油、甘油、乙醇、乙醚、苯等)应存放在危险药品柜中,远离热源及易发生火花的器物,操作人员应穿防静电服装 |  |
| 5. 配制 NaOH、KOH 浓溶液及稀释浓硫酸(不断搅拌下,将酸入水)时,必须在耐热容器中进行,必要时进行冷却。如需将浓酸、浓碱中和,应各自先进行稀释<br>6. 不得随意混合化学药品,以免发生事故 | <br>当心腐蚀 |

## （四）实验室的废液处理（见表1-4）

**表1-4　实验室的废液处理**

| | |
|---|---|
| 1. 应将废液倒入具有明显标识的废液桶内,不得任意倒入下水道<br>2. 严禁将有毒、有害、强腐蚀性试剂及液体倒入水池中,应按规定进行处理 |  |

## （五）实验室事故的应急处理（见表1-5）

**表1-5　实验室事故的应急处理**

| 1. 创伤 | 玻璃创伤,应先把碎玻璃从伤处挑出。然后用酒精棉清洗,涂上红药水或紫药水 |
|---|---|
| 2. 烫伤 | 伤处皮肤未破时,可涂擦饱和碳酸氢钠溶液或用碳酸氢钠粉调成糊状敷于伤处;如果伤处皮肤已破,可涂些紫药水或1‰高锰酸钾溶液 |
| 3. 灼伤 | 酸腐蚀致伤:如果沾上浓硫酸,不要用水冲洗,先用棉布吸取浓硫酸,再用大量水冲洗,再用饱和碳酸氢钠溶液(或稀氨水、肥皂水)洗,最后再用水冲洗。如果酸液溅入眼内,用大量水冲洗后,再用5%的碳酸氢钠溶液冲洗,并送医院诊治 |
| | 碱腐蚀致伤:先用大量水冲洗,再用2%醋酸溶液或饱和硼酸溶液洗,最后再用水冲洗。如果碱溅入眼中,用硼酸溶液洗或2%的醋酸清洗 |
| 4. 吸入刺激性或有毒气体 | 将患者迅速转移到通风良好的地方,让患者呼吸新鲜的空气 |
| 5. 毒物进入口内 | 将5～10mL 稀硫酸铜溶液加入一杯温水中,内服后,用手指伸入咽喉部,促使呕吐,吐出毒物,然后立即送医院 |
| 6. 触电 | 如有人触电,应迅速切断电源,然后进行抢救 |

五、任务评价

（一）练练做做

（1）实验室电、水、火、气的安全准则有哪些？

（2）实验室化学药品使用的安全准则有哪些？

（3）如何对实验室的废液进行处理？

（二）练练考考

1. 稀释浓酸的正确方法是什么？（5分）

2. 配制 NaOH、KOH 浓溶液及稀释浓硫酸时，对容器有何要求？（5分）

3. 实验室事故的应急处理办法？（每个小题15分）

（1）创伤　　　（2）烫伤　　　（3）灼伤

（4）吸入刺激性或有毒气体

（5）毒物进入口内　　　（6）触电

# 任务二　定量分析中的结果处理

## 一、任务要求

1. 学会有效数字的修约方法及其运算规则。
2. 学会定量分析中的结果处理。

## 二、任务目标

1. 了解定量分析的任务和作用。
2. 掌握有效数字的概念及有效数字中"0"的意义。
3. 掌握数字修约的法则。
4. 掌握有效数字的基本运算规则，并能在实践中灵活运用。
5. 了解原始数据记录的规范。
6. 了解实验报告的书写内容和要求。
7. 了解分析结果报告的书写内容和要求。
8. 了解误差的表示方法、误差与准确度的关系。
9. 了解偏差的表示方法、偏差与精密度的关系。
10. 掌握相对误差和相对平均偏差的计算方法。

## 三、任务描述

定量分析中结果处理的任务描述见图1-2。

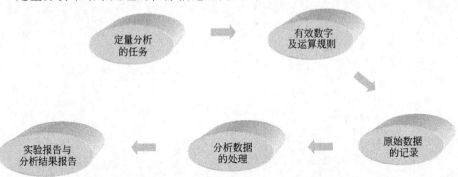

图1-2　定量分析中结果处理的任务描述

## 四、任务分析

### （一）定量分析的任务（见表1-6）

表1-6　定量分析的任务

| |
| --- |
| 　　分析化学是人们获得物质化学组成、含量、结构和形态等化学信息的分析方法及有关理论的一门科学，是一门独立的化学信息科学 |
| 　　分析化学渗透到化学的各个学科，并对工业、农业、医学、科学研究、生命科学、天体科学、刑事侦破、军事、环境保护等等都具有十分重要的作用，可以说所有这些人类活动的每一步几乎都离不开分析化学 |

| 1. 按分析化学的任务不同分 | ① 定性分析 | ② 定量分析 | ③ 结构分析 |
|---|---|---|---|
| 2. 按测定的对象不同分 | ① 无机分析 | | ② 有机分析 |
| 3. 按分析原理和操作方法的不同分 | ① 化学分析法 | a. 滴定分析法<br>（如：酸碱、配位、沉淀、氧化还原）| |
| | | b. 重量分析法<br>（如：沉淀法、挥发法、电解法）| |
| | | c. 气体分析法 | |
| | ② 仪器分析法 | a. 光学分析法<br>（如：紫外-可见分光光度法、比色法、原子吸收光谱法、红外吸收光谱法等）| |
| | | b. 电化学分析法<br>（如：电位分析法、电导分析等）| |
| | | c. 色谱分析法<br>（如：气相色谱法、液相色谱法等）| |
| | | d. 其他分析方法<br>（如：质谱法、核磁共振波谱法等）| |

无机物定量分析：它是分析化学中的一部分，它的任务是研究无机物（如气体、酸、碱、盐、金属和非金属等物质）中有关组分的相对含量测定方法及其相关理论，所用方法可以是化学分析法，也可以是仪器分析法

## （二）有效数字及运算规则

有效数字 → 有效数字修约规则 → 有效数字的运算规则

## 1. 有效数字（见表 1-7）

表 1-7　有效数字

| （1）有效数字的概念 | 有效数字是指在测量中能得到的有实际意义的数字，只有最后一位是估读值 | 例如：<br>① 某物体两次称量的质量为，0.40g 和 0.4000g，虽然数值相同，但测定误差不同。其中，0.40g 的测定误差为：<br>$\dfrac{\pm 0.01 \times 2}{0.40} \times 100\% = \pm 5\%$<br>0.4000g 的测定误差为：<br>$\dfrac{\pm 0.0001 \times 2}{0.4000} \times 100\% = \pm 0.05\%$<br>② 滴定管读数 23.18mL，其中，最后一位数字 8 为估读值 |
|---|---|---|
| | 注意<br>① 50.00mL 的滴定管：可估读至 0.01mL<br>② 分析天平（万分之一天平）：读至 0.0001g | |
| （2）有效数字中"0"的意义 | ① 数字之间的"0"和数字后面的"0"为有效数字 | 例如：<br>a.2.104 有 4 位有效数字<br>b.2.1040 有 5 位有效数字 |
| | ② 数字之前的"0"只起定位作用，不是有效数字 | 例如：<br>a.0.21040 有 5 位有效数字<br>b.0.00021 有 2 位有效数字 |

| 注意：<br>① pH 、lg$K$ 等对数值,有效数字只决定于小数部分数字位数<br>② 分数、倍数、系数等情况时,有效数字位数可看作无限多位<br>③ 以"0"结尾的正整数,有效数字位数不定 | 例如：<br>a. pH=2.08 有 2 位有效数字<br>[由 $c(H^+)=0.83\times10^{-2}$mol/L 取负对数而来]<br>b. $\dfrac{1}{2}$、π 有效数字为无限多位<br>c.460 有效数字位数不定；<br>$4.6\times10^2$为 2 位有效数字；<br>$4.60\times10^2$ 为 3 位有效数字 |
| --- | --- |

### 2. 有效数字修约规则 (见表 1-8)

**表 1-8　有效数字修约规则**

| | | | |
| --- | --- | --- | --- |
| 分析测试结果的有效数字位数必须能正确表达实验的准确度,因而需要对数据进行修约。数字的修约按国家标准 GB/T 8170—2008 的规定,通常为"四舍六入五留双"法则 | | | |
| (1)被修约数≥6,则进 1 | 例如:15.3262 保留四位有效数字是多少?<br>15.3262 → 15.33 | | |
| (2)被修约数≤4,则舍去 | 例如:15.3242 保留四位有效数字是多少?<br>15.3242 → 15.32 | | |
| (3)被修约数 = 5 | ① 5 后面数字大于"0"时,则进 1 | 例如:15.32502 保留四位有效数字是多少?<br>15.32502 → 15.33 | |
| | ② 5 后面数字等于"0"或无数值时 | a. 被修约数的前一位数字若为奇数时,则进 1 | 例如:<br>15.315 保留四位有效数字是多少?<br>15.315 → 15.32 |
| | | b. 被修约数的前一位数字若为偶数时,则舍去 | 例如:<br>15.325 保留四位有效数字是多少?<br>15.325 → 15.32 |
| 注意:数字修约必须是一次完成,不可连续进行修约<br>例如:3.3458 保留两位有效数字是多少?<br>正确:3.3458 → 3.3<br>错误:3.3458 → 3.346 → 3.35 → 3.4 | | | |

### 3. 有效数字的运算规则 (见表 1-9)

**表 1-9　有效数字的运算规则**

| | | |
| --- | --- | --- |
| | 运算规则:[以小数点后位数最少为准(绝对误差最大)] | |
| (1)加减法 | 【例1】<br>0.022 + 22.62 + 1.0374 =?<br>(其中 22.62 的绝对误差最大为±0.01,所以计算结果保留小数点后两位)<br><br>　　0.022<br>　22.62<br>+ 1.0374<br>23.6794<br>23.68 | 【例2】<br>34.2867 + 0.93 + 3.583 =?<br>(其中 0.93 的绝对误差最大为±0.01,所以计算结果保留小数点后两位)<br><br>　34.2867<br>　0.93<br>+ 3.583<br>38.7997<br>38.80 |

| | 运算规则:[以有效数字位数最少的为准(相对误差最大)] |
|---|---|
| (2)乘除法 | 【例3】<br><br>$$0.0121 \times 23.43 \times 1.4256 = ?$$<br><br>其中 0.0121(有效数字为 3 位)的相对误差最大,其值为 $\frac{\pm 0.0001}{0.0121} \times 100\% = \pm 0.8\%$,所以结果保留三位有效数字。<br>$$0.0121 \times 23.43 \times 1.4256 = 0.404161876$$<br>$$= 0.404$$ |

注意:运算时修约有两种方法:一种为先运算后修约,另一种为先修约后运算。两种方法得到的数值结果有时不同,为了不使修约后运算造成的误差累积太大,一般采用先运算后修约的方法

## (三) 原始数据的记录

### 1. 原始数据记录规范 (见表1-10)

**表 1-10 原始数据记录规范**

| 在定量分析中,为了得到准确的分析结果,不仅要精确地进行各种测定,而且对正确地记录原始数据也有一定的要求。认真做好原始记录,是保证实验数据可靠性的重要条件 | | |
|---|---|---|
| (1)使用专门的记录本或单页记录纸 | 准备一本专门的实验记录本,并标上页码,不得撕去其中任何一页。决不允许将数据随意记在任意纸片上。使用单页记录纸时,必须在每页记录纸上进行连续编号,不能断号 | |
| (2)字迹 | 整洁、清晰、字迹端正 | |
| (3)及时、准确的记录 | 原始记录应如实记录(包括平行测定时相同的数据),保证其真实性,不允许伪造 | |
| (4)有效数字 | 原始数据记录时,应注意有效数字的位数和计量器具的精度一致 | ① 50.00mL 的滴定管:读至 0.01mL<br>② 分析天平(万分之一天平):读至 0.0001g |
| (5)数据的改动 | 正确:划横杠线改,将正确的数值写在右上方。并写上更改人的唯一性标志 | 例如:<br>13.55mL<br>13.56mL |
| | 错误:涂改、用修正液、用橡皮擦等 | |
| (6)用笔 | 数据记录使用能长时间保存的笔,如钢笔、水笔或圆珠笔,不得使用铅笔、红笔 | |

### 2. 实验程序 (见表1-11)

**表 1-11 实验程序**

| (1)实验前,应做好实验预习并根据要求制作记录表格 |
|---|
| (2)实验记录上要写明日期、实验名称、标号、使用的计量器具名称、规格、环境条件、检验项目、实验数据及检验人 |
| (3)实验过程中,及时记录实验产生的现象;若需要改动原始数据,则应有教师的图章或签名 |
| (4)实验结束后,应核对记录的正确性、合理性、完整性,平行测定结果是否超差,若超差,则需重新进行测量 |
| 注意:<br>◆ 更改率每人统计要求小于 0.1%<br>◆ 注明表中各符号的意义,单位须采用法定计量单位 |

## (四) 分析数据的处理

### 1. 准确度和误差（见表1-12）

表 1-12　准确度和误差

| (1)误差的表示方法 | ① 绝对误差$(E)=$测定值$(x)-$真实值$(T)$ |
|---|---|
| | ② 相对误差$(RE)=\dfrac{测量值(x)-真实值(T)}{真实值(T)}\times100\%$ |
| (2)准确度和误差的关系 | ① 误差越小,准确度越高<br>② 误差越大,准确度越低 |

注意:

◆ 若为多次测量:

① 绝对误差$(E)=\bar{x}-T$　　② 相对误差$(RE)=\dfrac{\bar{x}-T}{T}\times100\%$

◆ 绝对误差和相对误差都可能有正、有负

### 2. 精密度和偏差（见表1-13）

表 1-13　精密度和偏差

| (1)偏差的表示方法 | ① 绝对偏差$(d)=$测定值$(x)-$平均值$(\bar{x})$ |
|---|---|
| | ② 相对平均偏差 $=\dfrac{\sum\limits_{i=1}^{n}\lvert x_i-\bar{x}\rvert}{n\bar{x}}\ (i=1,2,\cdots,n)$ |
| (2)精密度和偏差的关系 | ① 偏差越小,精密度越高<br>② 偏差越大,精密度越低 |

注意:相对平均偏差为正值

### 3. 准确度和精密度（见表1-14）

表 1-14　准确度和精密度

| 准确度和精密度的关系 | ① 精密度高准确度不一定高,准确度高精密度也不一定高 |
|---|---|
| | ② 精密度是保证准确度的先决条件 |
| | ③ 精密度差的数据,即使准确度较好,也失去了衡量准确度的意义 |

注意:我们在做实验时必须尽可能保证自己的平行数据具有较小的偏差,这样才有可能接近真实值

### 4. 极差（见表1-15）

表 1-15　极差

在确定标准滴定溶液浓度时,常用"极差"表示精密度。"极差"是指一组平行测定值中最大值与最小值之差

| 极差的表示方法 | ① 极差 ＝ 最大值－最小值 |
| --- | --- |
| | ②相对极差$=\dfrac{最大值-最小值}{平均值}\times100\%$ |

## 5. 允差（见表 1-16）

表 1-16　允差

在化工产品标准中,常见"允差"的规定。"允差"是指某一项指标的平行测定结果之间的绝对偏差不得大于某一数值

### （五）实验报告与分析结果报告

### 1. 实验报告的内容及要求（见表 1-17）

表 1-17　实验报告的内容及要求

实验结束后,分析工作者应能按照一定的要求,具备独立、完整、规范、准确的书写实验报告的能力

| (1)实验报告的主要内容 | ① 实验编号、实验名称、实验日期、实验室温度<br>② 实验目的<br>③ 检验项目和实验原理<br>④ 仪器和试剂<br>⑤ 实验步骤<br>⑥ 数据记录及处理(通常需要制作一张实验数据记录表格)<br>⑦ 实验误差分析<br>⑧ 实验结果讨论及分析(自我评价) |
| --- | --- |
| (2)实验报告的要求 | ① 文字科学、规范、简明、端正<br>② 实验原理部分应运用简要的文字或反应式表达,但不能遗漏<br>③ 实验步骤部分应按照操作的先后顺序,用简洁的文字表达,涉及的量值应准确<br>④ 检验项目和数据应与原始记录一致,有效数字的位数应正确<br>⑤ 报告中的量值单位应使用法定计量单位<br>⑥ 测量结果的计算应准确,数据处理符合要求 |

注意:实验报告填写不能缺项、应保证完整性。如测试环境(温度、相对湿度等)、相关数据来源的仪器编号(滴定管、天平等)、仪器型号、试剂、规格、溶液浓度等

### 2. 分析结果报告的内容及要求（见表 1-18）

表 1-18　分析结果报告的内容及要求

要完成完整、规范的分析结果报告,必须具备查阅产品标准及法定计量单位的能力,并能运用所学理论准确地表达实验结果

| (1)分析结果报告的主要内容 | ① 样品名称和编号<br>② 检测项目和方法(参照的国标)<br>③ 平行测定次数<br>④ 测定的平均值、相对平均偏差、相对极差等<br>⑤ 结论<br>⑥ 检验人、复核人、分析日期 |
| --- | --- |

| | |
|---|---|
| (2)分析结果报告的要求 | ① 检测项目和数据应与原始记录一致<br>② 文字科学、规范、端正<br>③ 报告应无差错,不得涂改<br>④ 报告中的物理量应使用法定计量单位<br>⑤ 结论应正确 |

## 五、 任务评价

### (一) 练练做做

1. 无机物定量分析的任务是什么?

2. 数字修约的规则"四舍六入五留双"的具体内容是什么?

3. 有效数字的运算规则是什么?

4. 准确度和误差的关系是什么?

5. 精密度和偏差的关系是什么?

6. 准确度和精密度的关系是什么?

7. 在原始数据的记录中有哪些需要注意的事项?

### (二) 练练考考

1. 下列数据各包括几位有效数字?(每题 3 分,共 30 分)

(1) 2.205　　　(2) 0.0435　　　(3) 0.00520　　　(4) 30.090

(5) $6.5 \times 10^{-7}$　　(6) pH=12.0　　(7) 0.30%　　　(8) 10.05%

(9) 0.0020%　　(10) 420

2. 按有效数字运算规则,计算下列结果。(每题 10 分,共 50 分)

(1) $3.023/0.7501 - 2.03 = ?$

(2) $2.067 \times 0.213 - 0.0326 \times 0.00421 = ?$

(3) $0.04120 \times 6.703 \times 62.1/120.4 = ?$

(4) $(2.716 \times 3.17) + (1.7 \times 10^{-4}) - (0.0046712 \times 0.0325) = ?$

(5) $\sqrt{\dfrac{2.5 \times 10^{-8} \times 1.2 \times 10^{-8}}{3.1 \times 10^{-5}}} = ?$

3. 若测定 3 次结果为 0.1188 g/L, 0.1193 g/L, 0.1185g/L, 标准含量为 0.1190 g/L, 求平均值、相对误差、相对平均偏差、极差、相对极差。(20 分)

# 模块二
# 滴定分析基本操作

## 任务一　分析天平的基本操作

### 一、 任务要求
正确、规范、熟练地使用分析天平。

### 二、 任务目标
1. 了解分析天平的分类。
2. 了解电子天平的工作原理及特点。
3. 掌握电子天平称量的一般程序。
4. 掌握直接称量法、递减称量法、固定质量称量法的操作方法及步骤。

### 三、 任务描述
分析天平基本操作的任务描述见图 2-1。

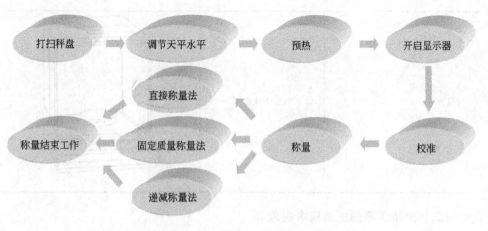

图 2-1　分析天平基本操作的任务描述

## 四、任务分析

### （一）分析天平的分类

分析天平是定量分析中最常用的准确称量物质的仪器（见表 2-1）。

表 2-1 分析天平的分类

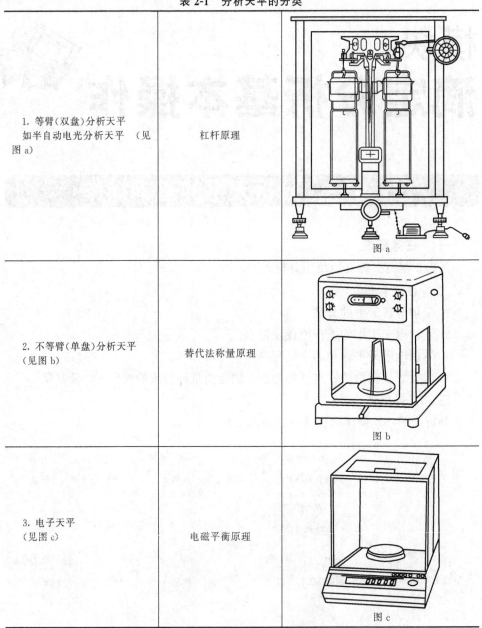

| | | |
| --- | --- | --- |
| 1. 等臂(双盘)分析天平<br>  如半自动电光分析天平 （见图 a) | 杠杆原理 | 图 a |
| 2. 不等臂(单盘)分析天平<br>(见图 b) | 替代法称量原理 | 图 b |
| 3. 电子天平<br>(见图 c) | 电磁平衡原理 | 图 c |

### （二）分析天平的主要技术规范

分析天平的主要技术规范见表 2-2。

表 2-2　分析天平的主要技术规范

| 最大载荷 | 表示天平可称量的最大值,单位为 g<br>注意:被称物的质量不得超过该天平的最大荷载 |
| --- | --- |
| 分度值 | 分度值也称感量,表示天平的灵敏度,是指天平一个分度所对应的质量,单位为 mg/格 |

## (三)电子天平的介绍

### 1. 工作原理（见表 2-3）

表 2-3　电子天平的工作原理

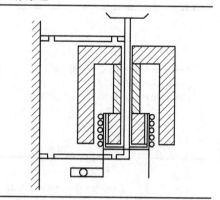

电磁平衡原理:秤盘通过支架连杆支架作用于线圈上,重力方向向下。线圈内有电流通过时,根据电磁基本理论,通电的导线在磁场中将产生一个向上作用的电磁力,与秤盘重力方向相反且大小相同,与之相平衡,而通过导线的电流与被称物体的质量成正比。

位移传感器处于预定的中心位置,秤盘上物体通过放大器改变线圈的电流直至线圈回到中心位置为止,通过数字显示出物体的质量(见右图)

### 2. 性能特点（见表 2-4）

表 2-4　电子天平的性能特点

| 优　　点 | 缺　　点 |
| --- | --- |
| (1)使用寿命长,性能稳定,灵敏度高,体积小,操作方便<br>(2)称量速度快,精度高<br>(3)具有自动校准、累计称量、超载显示、自动去皮等功能<br>(4)可与打印机、计算机联用,实现称量、记录、打印和计算自动化 | 价格较昂贵 |

### 3. 称量的一般程序（见表 2-5）

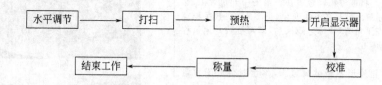

表 2-5　电子天平称量的一般程序

| | |
| --- | --- |
| (1)水平调节　检查水平仪(在天平后方),如水平仪的水泡偏移,需调整水平调节脚,使水泡位于水平仪中心(见右图)<br>注意:天平水平检查完毕后,使用时应特别注意动作要轻、缓,不准随便移动天平,并时常检查水平是否改变 | 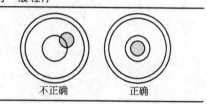<br>不正确　　　正确 |

| | |
|---|---|
| (2)打扫　打扫天平秤盘 | 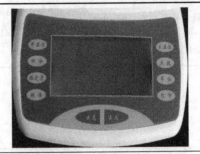 |
| (3)预热　接通电源(电插头),预热 30min 以上(见右图) | |
| (4)开启显示器　轻按 ON 键,显示器全亮,显示屏很快出现"0.0000g"(见右图)<br>注意:如果显示不是"0.0000g",则要按一下"去皮"键 | 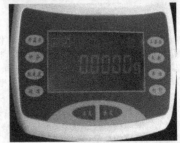 |
| (5)校准　按一下"校准"键(CAL),天平将自动进行校准,屏幕显示"CAL",表示正在进行校准。经 10s 左右,"CAL"消失,表示校准完毕,应显示出"0.0000g",如果不显示,可按一下"去皮"键,然后即可进行称量(见右图)<br>注意:如果天平安装后第一次使用,或存放时间长(30天左右)、位置移动、环境变化等,使用前应校准 | 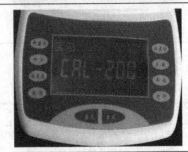 |
| (6)称量　将被称物轻轻放在秤盘的中间位置上,这时可见显示屏上数字在不断变化(见图 a),待数字稳定即显示器左下角的"0"标志熄灭后,即可读数并记录称量结果(见图 b)<br>注意:<br>◆ 被称物外形不能过高过大,称量时应放于秤盘中央<br>◆ 称量易吸潮和易挥发的物质必须加盖密闭<br>◆ 读数前要关好两边侧门,防止气流影响读数<br>◆ 称量读数时要立即将原始记录记入在实验报告本中 | <br>图a<br><br>图b |

（7）称量结束工作　应取下被称物，核对一次零点。如果不久还要继续使用天平，可暂不按"开/关"键，天平将自动保持零位，或者按一下"开/关"键（但不可拔下电源插头），让天平处于待命状态，即显示屏上数字消失，再来称样时按一下"开/关"键就可使用（见右图）

注意：当天平使用结束后，应关闭天平，拔下电源插头，盖上天平罩，并进行使用登记

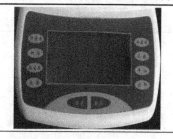

注意：

◆ 保持天平室内恒定温度，保持天平框内清洁干燥，天平框内吸湿硅胶变色后应及时更换

◆ 要注意克服可能影响天平示值变动的各种因素，例如空气对流、温度波动、容器不够干燥、开门及放置被称物时动作过重等

◆ 对于热的或过冷的被称物，应置于干燥器中，直至其温度同天平室温度一致后才能进行称量

### 4. 基本称量方法

常用的称量方法有：直接称量法、固定质量称量法、递减称量法（以电子天平为例，见表 2-6）

**表 2-6　电子天平基本称量方法**

| 直接称量法 | 适用于称量洁净干燥的器皿（如锥形瓶、表面皿等）、棒状或块状的金属、在空气中没有吸湿性的物质等<br>例如，可称量烧杯、称量瓶、重量分析中坩埚的质量 |
| --- | --- |
| 固定质量称量法 | 用直接法配制指定浓度的标准溶液时，常用固定质量称量法来称取基准物质。此法只能用来称取不易吸湿且不与空气作用、性质稳定的粉末状物质<br>例如，配制浓度为 $c(\frac{1}{6}K_2Cr_2O_7)=0.1000mol/L$ 的 $K_2Cr_2O_7$ 标准溶液 1000mL，需称取 $4.904gK_2Cr_2O_7$ |
| 递减称量法 | 适用于称量一定质量范围的，尤其是易吸水、易氧化或易与 $CO_2$ 反应的样品<br>例如，称取 2 份 $0.4\sim0.6g$ 碳酸钠试样 |

（1）直接称量法操作（见表 2-7）。

**表 2-7　直接称量法操作**

校正天平零点后，将被称物直接放在天平秤盘上，读数即为被称量物的质量（见右图）

注意：

◆ 不能用手直接取放物体，可采用戴细纱手套拿取或垫纸条夹取被称物等适宜的办法

◆ 严禁将化学试剂直接放在天平秤盘上称量，应用牛角匙取出，放在已知质量且洁净干燥的表面皿或称量纸上称量，再将试样全部转移到接受容器中

（2）固定质量称量法（增量法）  操作（见表2-8）。

表2-8  固定质量称量法（增量法）操作

| ① 去皮<br>将干燥的小容器(如表面皿)轻轻放在天平秤盘上,待显示平衡后按"去皮"键扣除皮重并显示零点(见右图) | 去皮清零键:<br>置容器于秤盘上,显示容器的质量:<br>$\boxed{+18.9001\text{g}}$<br>然后轻按"去皮"键,随即出现全零:<br>$\boxed{0.0000\text{g}}$<br>当拿去容器,就出现容器质量的负值:<br>$\boxed{-18.9001\text{g}}$<br>再轻按"去皮"键,显示器为全零:<br>$\boxed{0.0000\text{g}}$ |
|---|---|
| ② 加样<br>打开天平门,用拇指、中指及掌心拿稳药匙,以食指轻弹药勺柄,让勺里的试样以缓慢的速度抖入容器中(见右图)。同时也要观察屏幕,当达到所需质量时停止加样,关上天平门(若不慎多加了试样,只能用药勺取出多余试样,再重复上述操作直到合乎要求为止)。显示平衡后即可记录所称取试样量<br>注意:<br>◆ 加样或取药勺时,不要碰天平,防止试样散落在秤盘上<br>◆ 如果使用表面皿,则称好的试样必须小心转入接受器,对粘在表面皿上少量粉末可用蒸馏水吹洗入接收器中 |  |

（3）递减称量法（减量法）  操作见表2-9，称量记录示例见表2-10。

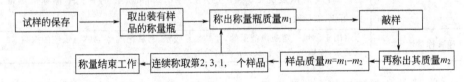

表2-9  递减称量法（减法量）操作

| ① 试样的保存<br>待称样品放于洁净的干燥容器(固体粉末状或颗粒状样品用称量瓶,液体样品可用小滴瓶)中,置于干燥器中保存<br>注意:干燥器内的干燥剂需及时更换,保持干燥 | 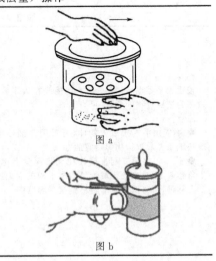 |
|---|---|
| ② 取出称量瓶<br>开启干燥器,左手按住干燥器的下部,右手按住盖子上的圆顶,向左前方推开器盖(见图a)。取下后盖子拿在右手中,用左手戴细纱手套拿取或用清洁的纸片叠成约1cm宽的纸条套住称量瓶瓶身中部(见图b),从干燥器中取出,及时盖上干燥器盖。加盖时,也应当拿住盖上圆顶,一边手扶住干燥器,一边推着盖好<br>注意:<br>◆ 请勿用手直接触碰称量瓶<br>◆ 干燥器盖子取下后,也可放在桌上安全的地方(注意要磨口向上,圆顶朝下) | 图a<br><br>图b |

③ 称出称量瓶质量 $m_1$

把称量瓶放在天平秤盘正中位置,精确称出装有试样称量瓶的质量,准确至 0.0001g,记下第一次称量的数据 $m_1$(见右图)

④ 敲样

关闭天平,取出称量瓶,拿到盛接样品的容器上方约 1cm 处(见图 c)

慢慢倾斜瓶身,打开瓶盖但不要使瓶盖离开接受容器的上方,用瓶盖轻轻敲击瓶口的上沿或右上边沿,同时微微转动称量瓶使样品缓缓落入容器中(见图 d)

估计倾出的样品接近需要的质量时,再边敲瓶口边将瓶身慢慢扶正,盖好瓶盖后才离开容器的上方(见图 c),再准确称量

注意:在敲样过程中,称量瓶始终在接收器瓶口正上方而且不得碰触容器

⑤ 称出称量瓶质量 $m_2$

敲出第一次样品后,将样品量称出,估计其体积,与要求量差多少,再按体积倍数大小敲第二次,再称量一次,应接近要求量,再补敲一次,即在称量范围内,记录此时天平显示的质量 $m_2$

注意:添加样品次数不超过 5 次,否则重称

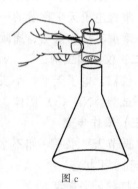

图 c

⑥ 试样质量为 $m_2 - m_1 = m$

在敲出样品的过程中,要保证样品没有损失,边敲边观察样品的转移量。如不慎倒出试样量太多,只能弃去重称

注意:请勿在还没盖上瓶盖时就将瓶身和瓶盖都离开容器上口,因为瓶口边沿处可能沾有样品,容易损失。务必在敲回样品并盖上瓶塞后才能离开容器口的上方

⑦ 连续递减称量

按上述方法连续递减,可称取多份试样,如称取 4 份平行试样,只需连续称量 5 次即可。表 2-10 为递减称量记录示例

图 d

表 2-10 递减称量法称量记录示例

| 天平型号 | FA2204B | 天平编号 | 4 | 日期 | 2012.6.12 |
|---|---|---|---|---|---|
| 室温 | 20℃ | 相对湿度 | 52% | 试验人 | 张强 |

| 编 号 | 1 | 2 | 3 | 4 |
|---|---|---|---|---|
| 倾出试样前称量瓶与试样总质量 $m_1$/g | 21.7539 | 21.4357 | 21.1169 | 20.8073 |
| 倾出试样后称量瓶与试样总质量 $m_2$/g | 21.4357 | 21.1169 | 20.8073 | 20.4939 |
| 试样质量 $m$/g | 0.3182 | 0.3188 | 0.3096 | 0.3134 |

## 五、 任务训练

# 实验一 分析天平的基本操作

**(一) 实验目的**

1. 了解分析天平的分类。

2. 了解电子天平的工作原理及特点。

3. 掌握电子天平称量的一般程序。

4. 掌握直接称量法、递减称量法、固定质量称量法的操作方法及步骤。

**(二) 仪器和试剂**

1. 仪器：电子天平、小表面皿、小烧杯、称量瓶、瓷坩埚。

2. 试剂：$Na_2CO_3$ 固体、$K_2Cr_2O_7$ 固体。

**(三) 操作步骤**

1. 调节天平水平，如不水平，应通过调节天平后方左、右两个水平支脚而使其达到水平状态。

2. 打扫天平托盘。

3. 接通电源（电插头），预热 30min 以上。

4. 按一下"开显示"键，显示屏很快出现"0.0000g"。如果显示不正好是"0.0000g"，则要按一下"去皮"键。

5. 称量。

(1) 直接称量法。

① 用直接称量法称量小烧杯、瓷坩埚的质量并记录。

② 学会做称量的结束工作。

(2) 固定质量称量法（以称取 0.6137g $K_2Cr_2O_7$ 为例）。

① 准确称出小表面皿的质量，并去皮，天平显示零点。

② 用牛角匙缓慢将 $K_2Cr_2O_7$ 试样抖入到表面皿中，直至天平显示 0.6137g，此时称取的试样质量为 0.6137g。将称好的表面皿上的试样小心转入烧杯中，对

粘在表面皿上的少量粉末可用蒸馏水吹洗入接收器中。以同样方法称取 2～3 份 $K_2Cr_2O_7$ 样品。

（3）递减称量法。

① 将洁净的锥形瓶编上号。

② 在干燥器中取出盛有 $Na_2CO_3$ 固体的称量瓶，在分析天平上精确称量，记录为 $m_1$；估计一下样品的体积，转移 $0.1～0.2g$ 样品至第一个锥形瓶中，称量并记录称量瓶和剩余试样质量 $m_2$，则锥形瓶中试样质量 $m$ 为（$m_1-m_2$）g。以同样的方法再连续称取三份试样，称量并记录。

③ 完成操作后，可选取多个不同称量范围，提高难度，进行计时称量练习。

6. 称量完毕，取下被称物，核对零点，按一下"关显示"键，但不可拔电源插头。

7. 如果较长时间不再用天平，应拔下电源插头，盖上天平罩，填写天平使用记录。

### （四）分析数据记录和处理

上述称量操作数据的记录格式示例见表 2-11～表 2-13。

**表 2-11　直接称量法记录**

| 天平型号 | | 天平编号 | | 日期 | |
|---|---|---|---|---|---|
| 室温 | | 相对湿度 | | 试验人 | |

| 称量物 | 1 | 2 | 3 |
|---|---|---|---|
| 烧杯/g | | | |
| 瓷坩埚/g | | | |

**表 2-12　递减称量法称量记录**

| 天平型号 | | 天平编号 | | 日期 | |
|---|---|---|---|---|---|
| 室温 | | 相对湿度 | | 试验人 | |

| 编　号 | 1 | 2 | 3 | 4 |
|---|---|---|---|---|
| 倾出试样前称量瓶与试样总质量 $m_1$/g | | | | |
| 倾出试样后称量瓶与试样总质量 $m_2$/g | | | | |
| 试样质量 $m$/g | | | | |

**表 2-13　固定质量称量法称量记录**

| 天平型号 | | 天平编号 | | 日期 | |
|---|---|---|---|---|---|
| 室温 | | 相对湿度 | | 试验人 | |

| 编　号 | 1 | 2 | 3 | 4 |
|---|---|---|---|---|
| 试样质量/g | | | | |

## 六、 任务评价

### （一）想想做做

1. 使用天平前应对天平做哪些检查？

2. 分析天平称量的方法有哪几种？

3. 直接称量法、固定质量称量法、递减称量法各自有何优缺点？

4. 使用称量瓶时，如何操作才能避免试样损失？

5. 用递减称量法和固定质量法称取试样，天平零点未调至"0"，对称量结果是否有影响？称量过程中能否重新调零点？

6. 在实验中记录称量数据应准确至几位？为什么？

### （二）练练考考

考核见表 2-14。

**表 2-14　考核**

| 天平型号 | | 天平编号 | | 日期 | |
|---|---|---|---|---|---|
| 室温 | | 相对湿度 | | 考核人 | |

| 考核内容 | | 分值 | 考核记录 | | 扣分说明 | 扣分标准 | 扣分 |
|---|---|---|---|---|---|---|---|
| 天平使用前准备工作 | 调节天平水平 | 2 | 正确 | | | 0 | |
| | | | 不正确 | | | 2 | |
| | 打扫秤盘 | 2 | 打扫 | | | 0 | |
| | | | 未打扫 | | | 2 | |
| | 预热 | 2 | 预热 | | | 0 | |
| | | | 未预热 | | | 2 | |
| | 开启显示器调零点 | 2 | 正确 | | | 0 | |
| | | | 不正确 | | | 2 | |
| | 干燥器的使用 | 2 | 正确 | | | 0 | |
| | | | 不正确 | | | 2 | |
| 直接称量法 | 烧杯、瓷坩埚等仪器的拿取 | 5 | 正确 | | | 0 | |
| | | | 不正确 | | | 1/次 | |
| | 读数 | 5 | 正确 | | | 0 | |
| | | | 不正确 | | | 1/次 | |
| | 重称 | 5 | | | | 1/次 | |

| 考核内容 | | 分值 | 考核记录 | | 扣分说明 | 扣分标准 | 扣分 |
|---|---|---|---|---|---|---|---|
| 固定质量称量法 | 试样称取 | 5 | 正确 | | | 0 | |
| | | | 不正确 | | | 1/次 | |
| | 读数 | 5 | 正确 | | | 0 | |
| | | | 不正确 | | | 1/次 | |
| | 重称 | 15 | | | | 5/次 | |
| 递减称量法 | 敲样操作手势 | 5 | 正确 | | | 0 | |
| | | | 不正确 | | | 1/次 | |
| | 试样称取 | 5 | 不损失 | | | 0 | |
| | | | 损失 | | | 1/次 | |
| | 读数 | 5 | 正确 | | | 0 | |
| | | | 不正确 | | | 1/次 | |
| | 称量范围 | 5 | 正确 | | | 0 | |
| | | | 过量 | | | 1/次 | |
| | 重称 | 15 | | | | 5/次 | |
| | 开关天平门 | 5 | 正确 | | | 0 | |
| | | | 不正确 | | | 1/次 | |
| 天平使用结束工作 | 天平复原(零点) | 2 | 检查 | | | 0 | |
| | | | 未检查 | | | 2 | |
| | 关闭天平 | 2 | 正确 | | | 0 | |
| | | | 不正确 | | | 2 | |
| | 天平使用记录登记 | 2 | 正确 | | | 0 | |
| | | | 不正确 | | | 2 | |
| | 实验过程台面 | 2 | 整洁 | | | 0 | |
| | | | 脏乱 | | | 0.5/次 | |
| | 实验后试剂、仪器放回原处 | 2 | 正确 | | | 0 | |
| | | | 不正确 | | | 0.5/次 | |

## 一、 任务要求

正确、规范、熟练地使用滴定管。

## 二、 任务目标

1. 掌握酸（碱）式滴定管的洗涤方法。

2. 掌握酸式滴定管的涂油方法。

3. 掌握酸（碱）式滴定管的滴定操作。

4. 掌握酸（碱）式滴定管的正确读数方法。

5. 掌握正确规范的实验数据记录方法。

## 三、 任务描述

滴定管基本操作的任务描述见图 2-2。

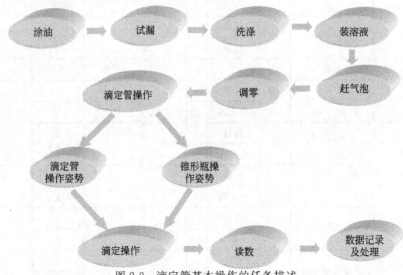

图 2-2　滴定管基本操作的任务描述

## 四、 任务分析

### （一）滴定管的选择（见表 2-15）

表 2-15　滴定管的选择

| | |
|---|---|
| 1. 滴定管是准确测量放出液体体积的玻璃仪器，按其容积不同分为常量（见图 a、图 b）、半微量及微量滴定管（见图 d）；按构造上的不同，又可分为普通滴定管和自动滴定管（见图 c）；按滴定液性质的不同，又分为酸式（见图 a）、碱式（见图 b）、酸碱通用和棕色滴定管 | |

| | |
|---|---|
| 2. 滴定管为量出式（Ex）计量玻璃仪器，容量单位为毫升（mL），标准温度为 20℃，根据准确度的高低分为 A、B 两级 | 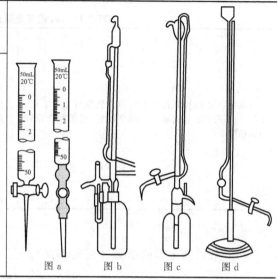 |
| 3. 根据滴定中消耗标准溶液体积的多少和滴定液的性质选择相适应的滴定管。如酸性溶液、氧化性溶液和盐类稀溶液，应选择酸式滴定管（见图 a）；碱性溶液应选择碱式滴定管（见图 b）；消耗较少滴定液时，应选用微量滴定管（见图 d）；见光易分解的滴定液应选用棕色滴定管<br><br>注意：<br>◆ 高锰酸钾、碘和硝酸银等溶液因能和橡皮管起反应不能用碱式滴定管，且高锰酸钾、碘和硝酸银等溶液见光易分解的应选用棕色酸式滴定管<br>◆ 酸式滴定管不能装碱性溶液，因为玻璃活塞易被碱腐蚀，粘住无法打开 | 图 a　　图 b　　图 c　　图 d |

## （二）滴定管的准备

滴定管的准备工作分为五个步骤：

涂油 → 试漏 → 洗涤 → 装溶液 → 赶气泡

1. 涂油。

（1）酸式滴定管的涂油（见表 2-16）。

表 2-16　酸式滴定管的涂油

| | |
|---|---|
| ①酸式滴定管使用前应检查旋塞转动是否灵活，与滴定管是否密合，如不符合要求，则取下旋塞，用滤纸片擦干净旋塞和旋塞槽，用手指蘸少量真空活塞油脂（如凡士林）在旋塞的两头涂上薄薄的一层（见右图）<br><br>注意：在离旋塞孔的两旁少涂凡士林，以免凡士林堵塞小孔 | 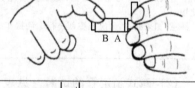 |
| ② 把旋塞直接插入旋塞槽内。插时，旋塞孔应与滴定管平行，径直插入旋塞槽（见右图）<br><br>注意：此时不要转动旋塞，这样可以避免将油脂挤到旋塞孔中去 | B　A |
| ③插入后，向同一方向不断旋转旋塞（见右图），直到旋塞和旋塞槽上的油脂全部透明为止。旋转时，应有一定的向旋塞小头方向挤的力，以免来回移动旋塞，使孔受堵。最后用小乳胶圈套在玻璃旋塞小头槽内，以防塞子滑出而损坏<br><br>注意：经上述处理后，旋塞应转动灵活，油脂层没有纹路，在旋塞表面呈均匀状态 | 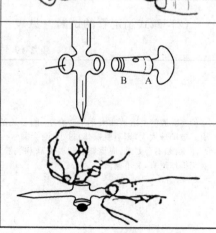 |

（2）碱式滴定管的检查（见表2-17）。

表 2-17　碱式滴定管的检查

| | |
|---|---|
| 　　碱式滴定管不涂油,使用前应检查乳胶管是否老化、变质,然后将大小合适玻璃珠的乳胶管、尖嘴和滴定管主体连接即可 | 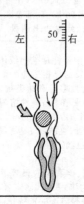 |

2. 试漏。

（1）酸式滴定管的试漏（见表2-18）。

表 2-18　酸式滴定管的试漏

| | |
|---|---|
| 　　①检查滴定管是否漏水时,可将酸式滴定管旋塞关闭,用水充满至"0"刻度,把滴定管直立夹在滴定管架上静置2min,观察刻度线液面是否下降,滴定管下端管口及旋塞两端是否有水渗出,可用滤纸在旋塞两端查看 | 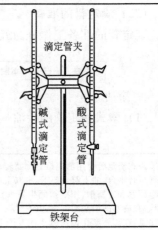 |
| 　　②将旋塞转动180°,再静置2min,查看是否有水渗出。若前后两次均无水渗出,旋塞转动也灵活,即可使用<br>　　注意:如果漏水,则应该重新进行涂油操作 | |

（2）碱式滴定管的试漏（见表2-19）。

表 2-19　碱式滴定管的试漏

| | |
|---|---|
| 　　检查乳胶管的玻璃珠大小是否合适,能否灵活控制液滴。玻璃珠太大,则不便操作;过小,则会漏水<br>　　注意:如不合要求,应重新装配玻璃珠和乳胶管,直至滴定操作适宜,又不漏液 | 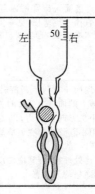 |

3. 洗涤。

(1) 酸式滴定管的洗涤（见表2-20）。

表 2-20　酸式滴定管的洗涤

| | |
|---|---|
| ①无明显油污不太脏的酸式滴定管,可用肥皂水或洗涤剂冲洗,若较脏而又不易洗净时,则用铬酸洗液浸泡洗涤,每次倒入 10～15mL 洗液于滴定管中,两手平端滴定管,并不断转动,直至洗液布满全管为止,洗净后将一部分洗液从管口放回原瓶,然后打开旋塞,将剩余的洗液从出口管放回原瓶中 | 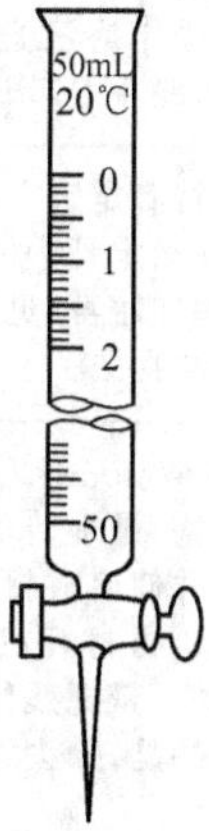 |
| ②滴定管先用自来水冲洗,再用蒸馏水润洗 3～4 次。若油污严重,可倒入温洗液浸泡一段时间(或根据具体情况,使用针对性洗涤液进行清洗),然后按上述手续洗涤干净<br>注意:<br>◆ 若用铬酸洗液洗涤后,第一次用水洗的废液应倒入废液回收瓶中<br>◆ 滴定管洗涤时,应注意保护玻璃旋塞,防止碰坏 | |

(2) 碱式滴定管的洗涤（见表2-21）。

表 2-21　碱式滴定管的洗涤

| | |
|---|---|
| ①碱式滴定管的洗涤方法与酸式滴定管相同,但在需要洗液洗涤时要注意洗液不能直接接触乳胶管。为此,可取下乳胶管,将碱式滴定管倒立夹在滴定管架上 | 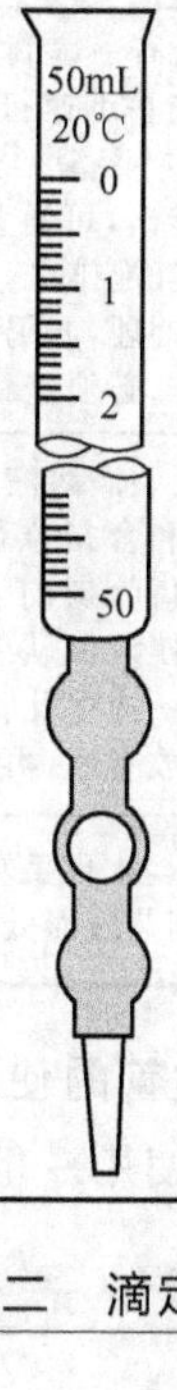 |
| ②管口插入装有洗液的烧杯中,用洗耳球插在管口上反复吸取洗液进行洗涤,然后用自来水冲洗滴定管,并用蒸馏水润洗几次<br>注意:碱式滴定管用洗液洗涤时,洗液不能直接接触乳胶管,否则胶管会变硬损坏 | |

洗净标准：洗净的滴定管内壁应完全被水均匀润湿，不挂水珠。

4. 装溶液。准备好的滴定管，即可装操作溶液（即标准溶液或被标定的溶液，见表 2-22）。

表 2-22　装溶液

| | |
|---|---|
| （1）装操作溶液前，应将试剂瓶中的溶液摇匀，使凝结在瓶内壁上的水珠融入溶液<br>注意：混匀后将操作溶液直接倒入滴定管中，不得用其他容器（如烧杯、漏斗等）来转移 | 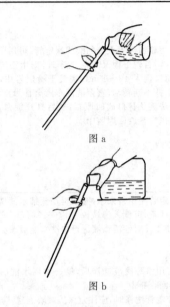 |
| （2）左手前三指持滴定管上部无刻度处，并稍微倾斜，右手拿住试剂瓶往滴定管中倒溶液。<br>注意：小试剂瓶，握住瓶身（见图 a）；大试剂瓶，握住瓶颈（见图 b）。（标签向手心） | 图 a |
| （3）注入操作溶液 10mL 左右，然后两手平端滴定管（注意把住玻璃旋塞）慢慢转动滴定管，一定要使操作溶液流通全管内壁，并使溶液接触管壁 1～2min。先从上管口放出部分溶液，再打开旋塞冲洗出口管，将润洗液从出口管放出并尽量把残留液放尽。连续洗三次<br>注意：润洗的目的是，除去管内残留水分，确保操作溶液浓度不变 | |
| （4）对于碱管，仍需要注意玻璃珠下方的洗涤 | |
| （5）最后，关好旋塞，将操作溶液倒入，直到充满至"0"刻度以上为止 | 图 b |

5. 赶气泡（见表 2-23）。

表 2-23　赶气泡

| | |
|---|---|
| （1）酸式滴定管：右手拿滴定管上部无刻度处，并使滴定管倾斜约 30°，左手迅速打开旋塞使溶液冲出排除气泡（下面用烧杯承接溶液），这时出口管中不再留有气泡。若气泡仍未排出，可重复操作。也可打开旋塞，同时抖动滴定管，使气泡排出<br>注意：经过以上处理，如仍不能使溶液充满出口管，可能是出口管未洗净，必须重新洗涤 | 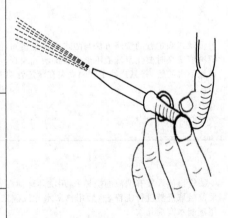 |
| （2）碱式滴定管：装满溶液后，应将其垂直地夹在滴定管架上，左手拇指和食指拿住玻璃珠所在的部位，并使乳胶管向上弯曲，出口管斜向上方，然后在玻璃珠部位往旁轻轻挤压胶管，使溶液从管口喷出（如右图所示），气泡即随之排出，再一边捏乳胶管，一边把乳胶管放直<br>注意：当乳胶管放直后，再松开拇指和食指 | |
| （3）排除气泡后，擦干管外壁，重新装入操作溶液至"0"刻度以上，并调节液面处于 0.00mL 处备用 | |

**（三）　滴定管的使用**

滴定管的使用一般分为三个步骤：

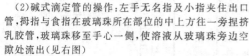

滴定管的操作 → 滴定操作 → 滴定管的读数

## 1. 滴定管的操作

进行滴定时，应该将滴定管垂直地夹在滴定管架上（见表2-24）。

表2-24    滴定管的操作

| | |
|---|---|
| (1)酸式滴定管的操作：左手的无名指和小指向手心弯曲，轻轻地贴着出口管，用其余的三指控制活塞的转动(见右图)。<br>注意：<br>◆ 不要向外拉旋塞以免推出旋塞造成漏液<br>◆ 不要过分往里扣，以免造成旋塞转动困难而不能操作自如 | 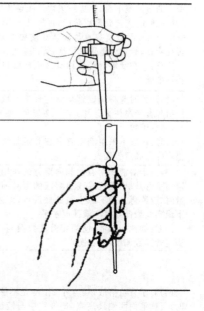 |
| (2)碱式滴定管的操作：左手无名指及小指夹住出口管，拇指与食指在玻璃珠所在部位的中上方往一旁捏挤乳胶管，玻璃珠移至手心一侧，使溶液从玻璃珠旁边空隙处流出(见右图)<br>注意：<br>◆ 不要用力捏玻璃珠，不能使玻璃珠上下移动<br>◆ 不要捏玻璃珠下部乳胶管，以免空气进入而形成气泡，影响读数<br>◆ 停止滴定时，应先松开拇指和食指，最后才松开无名指与小指 | |

## 2. 滴定操作

滴定前后都要记取读数，终读数与初读数之差就是溶液的体积（见表2-25）。

表2-25    滴定操作

| | |
|---|---|
| (1)滴定操作一般在锥形瓶中进行，也可在烧杯内进行。最好以白瓷板作背景。滴定开始前用洁净小烧杯内壁轻碰滴定管尖端，以把悬在滴定管尖端的液滴除去<br><br>(2)在锥形瓶中滴定时，用右手前三指拿住瓶颈，其余两指辅助在下侧(见图a)，调节滴定管高度，使瓶底离滴定台高约2~3cm，使滴定管的下端伸入瓶口约1cm，左手按前述方法控制滴定管旋塞滴加溶液，右手运用腕力摇动锥形瓶，边滴加边摇动，使溶液随时混合均匀，反应及时进行完全<br><br>(3)若使用碘量瓶等具塞锥形瓶滴定，瓶塞要夹在右手的中指与无名指之间(见图b)<br>注意：不要将碘量瓶瓶塞放在其他地方，以免玷污<br><br>(4)滴定速度：<br>① 逐滴连续滴加，即一般的滴定速度，"见滴成线"，控制在每秒2~3滴<br>② 只加一滴，做到需加一滴就只加一滴的熟练操作<br>③ 只加半滴，使液滴悬而不落，以及四分之一滴 | 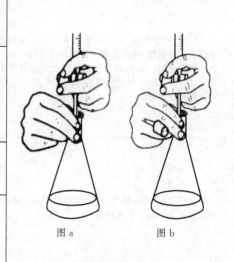<br>图a          图b |

### 3. 滴定管的读数

滴定管读数不准确是滴定分析误差的主要来源之一。因此，正确读数应遵循下列原则（见表 2-26）。

**表 2-26　滴定管的读数**

| | |
|---|---|
| (1)装满或放出溶液后,必须等 1~2min,待附着在内壁上的溶液流下后,再进行读数。如果放出溶液的速度较慢(例如,滴定到最后阶段,每次只加半滴溶液时),等 0.5~1min 即可读数。每次读数前要检查一下管壁是否挂液珠,管尖内是否有气泡,管口是否挂液珠<br><br>注意:若在滴定后管尖内有气泡或管口挂液珠,读数将不准确 | 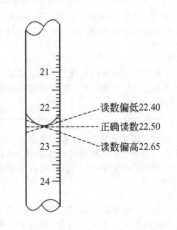 |
| (2)读数时应将滴定管从滴定管架上取下,用右手大拇指和食指捏住滴定管上部无刻度处,使滴定管保持垂直,然后读数<br><br>注意:一般不采用滴定管夹在滴定管架上读数,因为很难确保滴定管垂直 | |
| (3)由于溶液的附着力和内聚力的作用,滴定管内的液面呈弯月形,无色或浅色溶液的弯月面比较清晰,读数时,应读弯月面下缘实线的最低点,即视线在弯月面下缘实线最低处且与液面成水平<br><br>注意:如视线偏低,使滴定管读数偏高;视线偏高,使滴定管读数偏低(见右图) | |
| (4)对于有色溶液,其弯月面下缘是不够清晰的,读数时,可读液面两侧最高点,即视线应与液面两侧最高点成水平(见右图)。例如,对 $KMnO_4$、$I_2$ 等有色溶液的读数就应如此 | 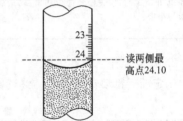 |
| (5)为了便于读数,可以在滴定管后衬一黑白两色的读数卡。读数时,使黑色部分在弯月面下约 1mm 左右,弯月面的反射层即全部为黑色。读此黑色弯月面下缘最低点(见右图)。对深色溶液须读两侧最高点时,可以用白色卡作为背景 | 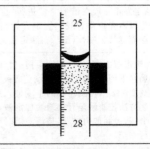 |
| (6)使用"蓝带"滴定管时,液面呈现三角交叉点,读取交叉点与刻度相交之点的读数(见右图)。 | 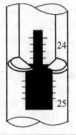 |

注意：

◆ 初读数与终读数应采用同一标准

◆ 滴定至终点时应立即关闭旋塞，并注意不要使滴定管中的溶液有稍许流出，否则终读数便包括流出的半滴溶液

◆ 使用 50mL 分度值为 0.1mL 的滴定管，读数要求读到小数点后第二位，即估计到 0.01mL，如读数为 25.33mL，同时数据应立刻记录在记录本上

◆ 滴定结束后，滴定管内剩余的溶液应弃去，不得将其倒回原试剂瓶中，以免玷污整瓶操作溶液。随即洗净滴定管，倒置在滴定架上，或装满蒸馏水夹于滴定架上

## 五、 任务训练

## 实验二 滴定管的基本操作

### （一）实验目的

1. 掌握滴定管的洗涤方法。

2. 掌握滴定管的基本操作方法。

3. 掌握滴定管的使用方法。

### （二）仪器和试剂

50mL 酸式滴定管、50mL 碱式滴定管、小烧杯、锥形瓶、凡士林等。

### （三）操作步骤

1. 检查滴定管的质量和有关标志。

2. 酸式滴定管涂油。

3. 滴定管试漏。

4. 洗涤滴定管至不挂水珠。

5. 用待装溶液润洗滴定管。

6. 装溶液。

7. 赶气泡。

8. 调零。

9. 滴定管操作训练。

10. 滴定操作训练。

11. 滴定管读数训练。

12. 练习滴定基本操作，最终做到能够控制三种滴定速度。

13. 用毕后，洗净，倒置夹在滴定管架上。

### （四）分析数据记录和处理

滴定管读数练习见表 2-27。

表 2-27 滴定管读数练习

| 酸式滴定管编号 | | 碱式滴定管编号 | |
| --- | --- | --- | --- |
| 日期 | | 室温 | | 试验人 | |

| 酸式滴定管读数 | | 碱式滴定管读数 | |
|---|---|---|---|
| | | | |
| | | | |

## 六、 任务评价

### (一) 想想做做

1. 酸式滴定管涂油时应注意哪些事项？

2. 滴定管需要用待装液润洗吗？

3. 滴定管中存在气泡对分析结果有影响吗？怎样赶去气泡？

4. 玻璃仪器洗净的标志是什么？

### (二) 练练考考

考核见表 2-28。

表 2-28 考核

| 酸式滴定管编号 | | | 碱式滴定管编号 | | |
|---|---|---|---|---|---|
| 日期 | | 室温 | | 考核人 | |

| 考核内容 | 分值 | 考核记录 | | 扣分说明 | 扣分标准 | 扣分 |
|---|---|---|---|---|---|---|
| 滴定管涂油 | 5 | 正确 | | | 0 | |
| | | 不正确 | | | 1/次 | |
| 滴定管试漏 | 5 | 已试 | | | 0 | |
| | | 未试 | | | 1/次 | |
| 滴定管润洗方法 | 5 | 正确 | | | 0 | |
| | | 不正确 | | | 1/次 | |
| 滴定管润洗量 | 5 | 正确 | | | 0 | |
| | | 不正确 | | | 1/次 | |
| 滴定管装溶液 | 5 | 正确 | | | 0 | |
| | | 不正确 | | | 1/次 | |
| 滴定管赶气泡 | 5 | 正确 | | | 0 | |
| | | 不正确 | | | 1/次 | |
| 滴定前管尖残液 | 5 | 碰去 | | | 0 | |
| | | 未碰去 | | | 1/次 | |
| 调零刻线前的静置 | 5 | 正确 | | | 0 | |
| | | 不正确 | | | 1/次 | |
| 零刻线的调节 | 5 | 正确 | | | 0 | |
| | | 不正确 | | | 1/次 | |

| 考核内容 | 分值 | 考核记录 | | 扣分说明 | 扣分标准 | 扣分 |
|---|---|---|---|---|---|---|
| 滴定管的握法 | 5 | 正确 | | | 0 | |
| | | 不正确 | | | 1/次 | |
| 锥形瓶的握法 | 5 | 正确 | | | 0 | |
| | | 不正确 | | | 1/次 | |
| 锥形瓶的摇瓶 | 5 | 正确 | | | 0 | |
| | | 不正确 | | | 1/次 | |
| 滴定管的滴定速度 | 5 | 正确 | | | 0 | |
| | | 不正确 | | | 1/次 | |
| 滴定管的半滴控制 | 5 | 正确 | | | 0 | |
| | | 不正确 | | | 1/次 | |
| 滴定管读数前的静置 | 5 | 正确 | | | 0 | |
| | | 不正确 | | | 1/次 | |
| 滴定管的读数 | 10 | 正确 | | | 0 | |
| | | 不正确 | | | 2/次 | |
| 实验结束洗净和放置滴定管 | 5 | 正确 | | | 0 | |
| | | 不正确 | | | 1/次 | |
| 实验过程台面 | 5 | 整洁有序 | | | 0 | |
| | | 脏乱 | | | 1/次 | |
| 废液、纸屑的处置 | 5 | 正确 | | | 0 | |
| | | 不正确 | | | 1/次 | |
| 实验后试剂、仪器放回原处 | 5 | 正确 | | | 0 | |
| | | 不正确 | | | 1/次 | |

# 任务三 吸量管的基本操作

## 一、任务要求
正确、规范、熟练地使用吸量管。

## 二、任务目标
1. 掌握吸量管的洗涤方法。
2. 掌握吸量管的基本操作方法。
3. 掌握吸量管的使用方法。

## 三、任务描述
吸量管基本操作的任务描述见图 2-3。

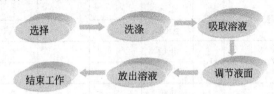

图 2-3 吸量管基本操作的任务描述

## 四、任务分析

### (一) 吸量管的选择

吸量管分为单标线吸量管和分度吸量管。单标线吸量管为量出式（Ex）玻璃仪器，分度吸量管则有流出式和吹出式两种，标准温度为 20℃（见表 2-29）。

表 2-29 吸量管的选择

| | |
|---|---|
| 1. 单标线吸量管是一根细长而中间有膨大部分的玻璃管(见图 a)，按其容量精度高低分为 A、B 两级，规格通常为 5mL、10mL、15 mL、25mL、50mL、100mL 等 | 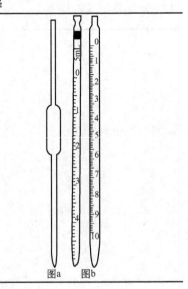 |
| 2. 分度吸量管是具有分刻度的玻璃管(见图 b)，它可以准确量取标示范围内任意体积的溶液，分度吸量管量取溶液体积的准确度不如单标线吸量管，规格通常有 1mL、2mL、5mL、10mL、25mL 等 | |
| 3. 根据移取溶液的体积和要求选择适当规格的单标线吸量管和分度吸量管<br>注意：使用前检查移液管的管口和尖嘴有无破损，若有破损则不能使用 | 图a　图b |

## （二）吸量管的使用

吸量管的使用分为四个步骤：

洗涤 → 吸取溶液 → 调节液面 → 放出溶液

### 1. 洗涤

吸量管可用自来水洗涤，再用蒸馏水洗净。较脏时（内壁挂水珠时）可用铬酸洗液洗净。其洗涤方法见表 2-30。

表 2-30　吸量管的洗涤

| | |
|---|---|
| （1）右（或左）手的拇指和中指捏住吸量管的上端,管的下口插入洗液中,左（或右）手拿洗耳球,先把球内空气压出 | 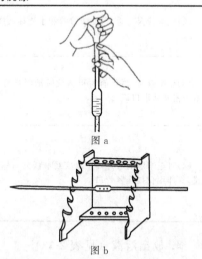 |
| （2）然后把球的尖端接在吸量管的上口,慢慢松开左（或右）手手指,将洗液吸入吸量管中（见图 a） | 图 a |
| （3）当洗液吸入吸量管容量的 1/3 左右时,用右（或左）手食指按住管口,取出,平端,并慢慢旋转吸量管使溶液接触到刻度以上部位,并将洗液从上管口和下管口放回原瓶中,沥尽洗液 | |
| （4）用自来水冲洗,再按以上（1）、（2）、（3）步骤用蒸馏水淋洗 3 次 | 图 b |
| 注意： ◆ 吸量管洗净的标志是内壁均匀,不挂水珠 ◆ 干净的吸量管应放置在干净的吸量管架上（见图 b） | |

### 2. 吸取溶液（见表 2-31）

表 2-31　吸取溶液

| | |
|---|---|
| （1）将容量瓶中待吸溶液倒入小烧杯中少许,用洗耳球吸取溶液至吸量管容量的 1/3 左右 | 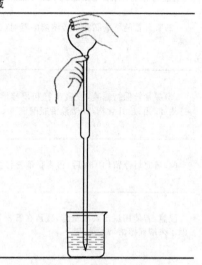 |
| （2）取出,横持,并转动管子使溶液接触到刻度以上部位,以置换内壁的水分 | |
| （3）然后将溶液从吸量管的下管口放出,同时洗涤小烧杯,弃去溶液 注意：待吸溶液不能从吸量管的上管口放出 | |
| （4）如此反复用待吸溶液淋洗 3 次后,即可吸取溶液（见右图） | |
| （5）将吸量管插入待吸液面深约 1cm 处,吸取溶液至刻度以上,立即用右（或左）手食指按住管口。将吸量管向上提离开液面 | |
| （6）左（或右）手用滤纸将插入溶液的吸量管下管口外壁黏附的溶液擦干 | |

### 3. 调节液面（见表 2-32）

表 2-32　调节液面

| | |
|---|---|
| (1)左(或右)手用一洁净的小烧杯,将吸量管的下端靠在小烧杯的内壁上 | 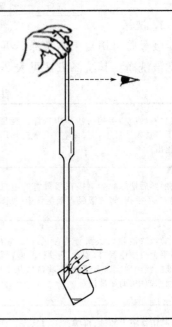 |
| (2)吸量管保持垂直,使吸量管和小烧杯保持 45°角 | |
| (3)略微放松食指(有时可微微转动吸量管),使管内溶液慢慢从下口流出 | |
| (4)直至溶液的弯月面下缘实线最低处与标线相切为止,立即用食指压紧管口 | |

### 4. 放出溶液（见表 2-33）

表 2-33　放出溶液

| | |
|---|---|
| (1)移出吸量管,插入承接溶液的器皿中 | 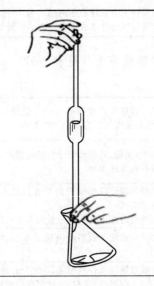 |
| (2)吸量管的下端靠在承接溶液的器皿(如锥形瓶)内壁上 | |
| (3)吸量管保持垂直,使吸量管和承接溶液的器皿保持约 45°角,放开食指,让溶液沿瓶壁流下 | |
| (4)流完后停留约 15s 后,再将吸量管移去 | |

注意:若使用流出式吸量管,残留在管末端的少量溶液,不可用外力强使其流出,因校准吸量管时已考虑了末端保留溶液的体积

注意：

（1）吸量管不可在烘箱中烘干和加热。

（2）为了减少测量误差，吸量管每次都应从最上面刻度为起始点，往下放出所需体积，而不是放出多少体积就吸取多少体积。

（3）吸取溶液后，用滤纸擦干下管口外壁，调节液面至刻度线时，不可再用滤纸擦下管口外壁，以免管尖出现气泡。

（4）同一实验中应使用同一吸量管。

（5）实验结束后，洗净吸量管，放置在吸量管架上。

## 五、 任务训练

### 实验三　单标线吸量管的基本操作

**（一）实验目的**

1. 掌握单标线吸量管的洗涤方法。

2. 掌握单标线吸量管的基本操作方法。

3. 掌握单标线吸量管的使用方法。

**（二）仪器和试剂**

25mL 单标线吸量管、50mL 单标线吸量管、小烧杯、滤纸等。

**（三）操作步骤**

1. 检查单标线吸量管的质量及有关标志。单标线吸量管的上管口应平整，流液口没有破损；主要的标志应有商标、标准温度、标称容量数字及单位、单标线吸量管级别、有无规定等待时间。

2. 单标线吸量管的洗涤。依次用自来水、洗涤剂（或铬酸洗液）、自来水洗涤至单标线吸量管内壁不挂水珠，并用蒸馏水淋洗 3 次以上。

3. 移液操作。分别用 25mL、50mL 单标线吸量管移取蒸馏水，练习移液操作。

4. 用待吸液洗涤单标线吸量管 3 次。

5. 吸取溶液。用吸耳球将待吸液吸至刻度线稍上方（注意握持单标线吸量管及吸耳球的手形），堵住管口，用滤纸擦干外壁。

6. 调节液面。将弯液面最低点调至于刻度线上缘相切。注意观察视线应水平，单标线吸量管要保持垂直，用小烧杯在流液口下接取并注意处理管尖外的液滴。

7. 放出溶液。将单标线吸量管移至另一个接收器中，保持单标线吸量管垂直，接收器倾斜，单标线吸量管的流液口紧触接收器内壁。放松手指，让液体自然流出，流完后停留 15s，保持触点，将管尖在靠点处靠壁移动。

8. 洗净单标线吸量管，放置在吸量管架上。

9. 以上操作反复练习，直至熟练为止。

## 六、 任务评价

### （一）想想做做

1. 用自来水洗涤单标线吸量管时，是为了洗去其污垢和灰尘吗？

2. 单标线吸量管已洗至不挂水珠，并用蒸馏水洗净，为何还需用待装液润洗三次？

3. 吸量管每次都应从最上面刻度为起始点，往下放出所需体积吗？

4. 在移取液体时，单标线吸量管管尖处有一滴悬挂液没有处理掉，影响所移液体的体积吗？

5. 单标线吸量管能否烘干和加热？

### （二）练练考考

考核见表2-34。

表2-34　考核

| 日期 | | 室温 | | 考核人 | |
|---|---|---|---|---|---|

| 考 核 内 容 | 分 值 | 考 核 记 录 | | 扣分说明 | 扣分标准 | 扣 分 |
|---|---|---|---|---|---|---|
| 吸量管的洗涤方法 | 5 | 正确 | | | 0 | |
| | | 不正确 | | | 1/次 | |
| 吸量管的洗涤效果 | 5 | 不挂水珠 | | | 0 | |
| | | 挂水珠 | | | 1/次 | |
| 用待装液润洗方法 | 5 | 正确 | | | 0 | |
| | | 不正确 | | | 1/次 | |
| 用待装液润洗量 | 5 | 正确 | | | 0 | |
| | | 不正确 | | | 1/次 | |
| 用待装液润洗次数 | 5 | 正确 | | | 0 | |
| | | 不正确 | | | 1/次 | |
| 吸取溶液 | 5 | 正确 | | | 0 | |
| | | 不正确 | | | 1/次 | |
| 吸量管外壁处理 | 5 | 碰去 | | | 0 | |
| | | 未碰去 | | | 1/次 | |
| 调节液面 | 5 | 正确 | | | 0 | |
| | | 不正确 | | | 1/次 | |
| 吸量管保持垂直并贴于小烧杯的内壁 | 5 | 正确 | | | 0 | |
| | | 不正确 | | | 1/次 | |
| 吸量管与小烧杯呈约45°角 | 5 | 正确 | | | 0 | |
| | | 不正确 | | | 1/次 | |

| 考核内容 | 分值 | 考核记录 | | 扣分说明 | 扣分标准 | 扣　分 |
|---|---|---|---|---|---|---|
| 放出溶液 | 5 | 正确 | | | 0 | |
| | | 不正确 | | | 1/次 | |
| 吸量管保持垂直并贴于承接器的内壁 | 5 | 正确 | | | 0 | |
| | | 不正确 | | | 1/次 | |
| 吸量管与承接器呈 45°角 | 5 | 正确 | | | 0 | |
| | | 不正确 | | | 1/次 | |
| 放完溶液停留 15s | 5 | 正确 | | | 0 | |
| | | 不正确 | | | 1/次 | |
| 洗净吸量管 | 6 | 正确 | | | 0 | |
| | | 不正确 | | | 2/次 | |
| 吸量管的放置 | 6 | 正确 | | | 0 | |
| | | 不正确 | | | 1/次 | |
| 实验过程台面 | 6 | 整洁有序 | | | 0 | |
| | | 脏乱 | | | 2/次 | |
| 废液、纸屑的处置 | 6 | 正确 | | | 0 | |
| | | 不正确 | | | 2/次 | |
| 实验后试剂、仪器放回原处 | 6 | 正确 | | | 0 | |
| | | 不正确 | | | 3/次 | |

# 任务四　容量瓶的基本操作

## 一、任务要求

正确、规范、熟练地使用容量瓶。

## 二、任务目标

1. 掌握容量瓶的试漏和洗涤方法。
2. 掌握容量瓶的转移操作方法。
3. 掌握容量瓶的稀释定容操作方法。
4. 掌握容量瓶的摇匀操作方法。

## 三、任务描述

容量瓶基本操作的任务描述见图 2-4。

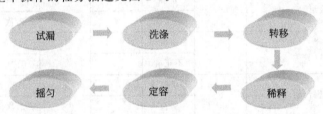

图 2-4　容量瓶基本操作的任务描述

## 四、任务分析

### (一) 容量瓶的介绍 (见表 2-35)

表 2-35　容量瓶的介绍

| | |
|---|---|
| **1. 容量瓶的外形**<br>是一种细颈梨形平底的玻璃瓶,带有玻璃瓶口塞或塑料塞(见右图),颈上有一环形标线,一般表示在 20℃时下液体充满标线刻度时的准确容积 | 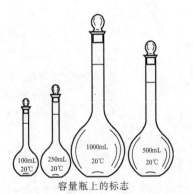 |
| **2. 容量瓶上的标志**<br>(1)标称容量:通常有 10mL、25mL、50mL、100mL、250mL、500mL、1000mL 等各种规格<br>(2)mL:容量单位符号<br>(3)20℃:标准温度<br>(4)In:量入式符号<br>(5)"A"或"B":精密度级别　　如:<br>　瓶上标有"20℃ 250mL"字样,表示若这个容量瓶液体充满至标线,20℃时恰好容纳 250.0mL | 容量瓶上的标志<br>①标称容量;②mL;③20℃;④In;⑤"A"或"B" |
| **3. 容量瓶的精度**<br>容量瓶根据其体积的准确度高低分为 A、B 两级。国家规定的容量允差列于表 2-36(GB/T 12806—2011) | |
| **4. 容量瓶的用途**<br>(1)用直接法将固体物质配制成一定浓度的标准溶液<br>(2)将一定浓度的浓溶液稀释成准确浓度的稀溶液 | |

表 2-36　常用容量瓶的容量允差

| 标称容量/mL | | 5 | 10 | 25 | 50 | 100 | 200 | 250 | 500 | 1000 | 2000 |
|---|---|---|---|---|---|---|---|---|---|---|---|
| 容量允差 /mL(±) | A | 0.02 | 0.02 | 0.03 | 0.05 | 0.10 | 0.15 | 0.15 | 0.25 | 0.40 | 0.60 |
| | B | 0.04 | 0.04 | 0.06 | 0.10 | 0.20 | 0.30 | 0.30 | 0.50 | 0.80 | 1.20 |

### （二）容量瓶的使用

容量瓶的准备工作分为六个步骤：

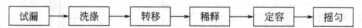

### 1. 试漏（见表 2-37）

表 2-37　容量瓶的试漏

| | |
|---|---|
| （1）加自来水至标线附近，盖好瓶塞，用滤纸擦干瓶口和瓶塞。左手食指按住瓶塞，其余手指拿住瓶颈标线以上部分，右手指尖托住瓶底边缘，将瓶倒置 2min（见图 a） | 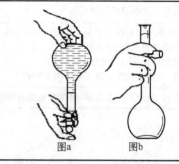 |
| （2）观察有无水渗漏（用滤纸一角在瓶塞和瓶口的缝隙处擦拭，查看滤纸是否潮湿），如不漏水就将旋塞转动 180℃，再试漏。如不漏水，即可使用<br>注意：为使塞子不丢失不乱放，常用线绳将其拴在瓶颈上或用手指夹住（见图 b） | 图a　　　图b |

### 2. 洗涤（见表 2-38）

表 2-38　容量瓶的洗涤

| 一 般 洗 涤 | 铬酸洗液洗涤 |
|---|---|
| 先用洗涤剂冲洗 1 次，再用自来水洗 3 次，最后用蒸馏水淋洗 3 次<br>注意：<br>◆ 不能用毛刷洗涤容量瓶内壁，因为这样会使内壁磨损，影响容积的准确性<br>◆ 洗净的容量瓶内壁应完全被水均匀润湿，不挂水珠 | 如果较脏时，可用铬酸洗液洗涤。洗涤时将瓶内水尽量倒净，然后倒入铬酸洗液 10～20mL，盖上塞，边转动边向瓶口倾斜，至洗液布满全部内壁。放置数分钟后，将剩余的洗液倒回原瓶中。然后用自来水、蒸馏水洗涤后备用。<br>注意：使用铬酸洗液时应注意安全，千万不要直接接触到皮肤和衣物 |

### 3. 转移（见表 2-39）

表 2-39　标准溶液的转移

| | |
|---|---|
| （1）若要将固体物质配制成一定浓度的标准溶液，通常是先准确称量一定量的固体物质，然后在小烧杯中用溶剂溶解（见右图），待溶解完全后转移<br>注意：玻璃棒不得拿出随便放置，以免玻璃棒上的溶液损失及吸附杂质带入溶液 |  |

| | |
|---|---|
| (2)将盛放溶液的烧杯移近容量瓶口,拿起玻璃棒,将玻璃棒下端在烧杯内壁轻轻靠一下后插入容量瓶中,并使玻璃棒下端和瓶颈内壁相接触成一定倾斜角度,再将烧杯嘴紧靠玻璃棒中下部<br>注意:玻璃棒不要太接近瓶口,以免有溶液溢出 | 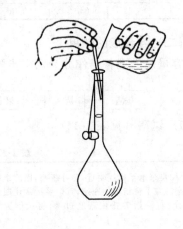 |
| (3)逐渐倾斜烧杯,缓缓使溶液沿玻璃棒和瓶颈内壁全部流入瓶内(见右图) | |
| (4)待溶液流完后,将烧杯嘴贴紧玻璃棒稍向上提,同时将烧杯慢慢直立,使附着在烧杯嘴上的最后一滴溶液流回烧杯中。烧杯嘴稍离玻璃棒,基本保持在原位置,最后将玻璃棒放回烧杯中<br>注意:转移时,玻璃棒要始终保持在容量瓶口上方,防止玻璃棒下端的溶液滴落至瓶外 | |
| (5)对于残留在烧杯中的少许溶液,用洗瓶小心冲洗玻璃棒和烧杯内壁3~5次,每次5~10mL,洗涤液按上述方法转移合并到容量瓶中(见右图)<br>注意:转移时应防止溶液溅出而有所损失 | |

注意:如果是浓溶液稀释,则用单标线吸量管移取所需体积的溶液放入容量瓶中,再按稀释方法定容

## 4. 稀释（见表 2-40）

### 表 2-40　溶液的稀释

| | |
|---|---|
| 溶液转入容量瓶后,加水(或其他溶剂)稀释(见图 a)至总容积的3/4时,将容量瓶拿起,按水平方向旋转摇动几周,使溶液初步混合(见图 b),继续加水至距离标线下少许,放置1~2min<br>注意:稀释溶液时,是水平摇动容量瓶,切勿倒转摇动,而且注意不要加塞 | 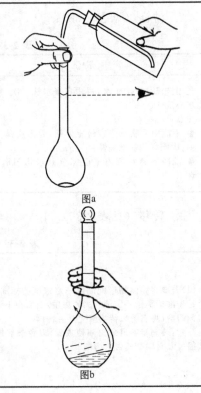<br>图a<br><br>图b |

5. 定容（见表 2-41）

表 2-41　溶液的定容

用左（或右）手拇指和食指（亦可加上中指）拿起容量瓶磨口处，保持容量瓶垂直，使刻度线和视线保持水平，用细长滴管滴加蒸馏水至弯液面实线最下缘与标线相切，视线应与刻度线在同一平面上（见右图）

注意：定容时勿使滴管接触容量瓶内壁及溶液面

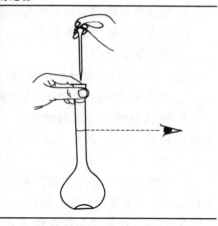

6. 摇匀（见表 2-42）

表 2-42　溶液的摇匀

（1）盖上瓶塞，用左（或右）手食指按住瓶塞，右（或左）手指尖托住瓶底边缘，将容量瓶倒置并振荡，待气泡全部上升到顶，再倒转过来。如此反复 10 次，使溶液混匀（见右图）

注意：容量瓶摇匀时，手心不要接触瓶底

（2）放正容量瓶，将瓶塞稍提起并旋转 180°，让瓶塞周围的溶液流下，重新盖好，再按上述方法倒转振荡 5 次，使溶液全部混匀（见右图）

注意：旋转瓶塞时，不要完全拔出瓶塞

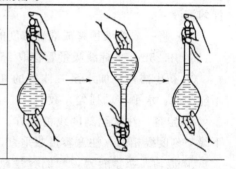

注意：

◆ 不要用容量瓶长期存放配好的溶液。配好的溶液如果需要长期存放，应该转移到干净的磨口试剂瓶中

◆ 容量瓶不可直接加热，如需用干燥的容量瓶，可将容量瓶洗净后，用乙醇等有机溶剂荡洗后晾干或用电吹风的冷风吹干

◆ 容量瓶长期不用时，应洗净，把塞子用纸垫上，以防时间久后，塞子打不开

## 五、任务训练

## 实验四　容量瓶的基本操作

### （一）实验目的

1. 掌握容量瓶的洗涤方法。

2. 掌握容量瓶的使用方法。

### （二）仪器和试剂

1. 仪器：电子天平、250mL 容量瓶、25mL 单标线吸量管、烧杯、玻璃棒、滴管、洗瓶等。

2. 试剂：无水碳酸钠固体，氯化钠未知样。

**（三）操作步骤**

1. 检查容量瓶的质量及有关标志。容量瓶应无破损，磨口瓶塞合适不漏水。

2. 洗净容量瓶至不挂水珠。

3. 容量瓶的操作。

（1）用直接法将固体物质配制一定浓度的标准溶液。

① 在小烧杯中用约 50mL 水溶解所称量无水碳酸钠样品。

② 将碳酸钠溶液沿玻璃棒注入容量瓶中（注意烧杯嘴和玻璃棒的靠点及玻璃棒和容量瓶颈的靠点），洗涤烧杯并将洗涤液也注入容量瓶中，重复 3 次。

③ 初步摇匀，加水至总体积的 3/4 左右时，摇动容量瓶（不用套盖瓶塞，不能颠倒，水平转动摇匀）数圈。

④ 定容，注水至刻度线稍下方，放置 1～2min，用胶头滴管调节弯液面实线最下缘与刻度线相切（注意容量瓶垂直，视线水平）。

⑤ 混匀，塞紧瓶塞，颠倒容量瓶 10 次，提起瓶塞旋转 180℃，再摇 5 次，混匀溶液。

（2）将一浓溶液稀释成准确浓度的稀溶液。

① 用 25mL 单标线吸量管移取 25.00mL 氯化钠未知样于 250mL 容量瓶中。

② 初步摇匀，加水至总体积的 3/4 左右时，摇动容量瓶（不用套盖瓶塞，不能颠倒，水平转动摇匀）数圈。

③ 定容，注水至刻度线稍下方，放置 1～2min，用胶头滴管调节弯液面最下缘与刻度线相切（注意容量瓶垂直，视线水平）。

④ 混匀，塞紧瓶塞，颠倒容量瓶 10 次，提起瓶塞旋转 180℃，再摇 5 次，混匀溶液。

（3）容量瓶使用结束后应该洗净，把塞子用纸垫上。

**六、任务评价**

**（一）想想做做**

1. 玻璃仪器洗净的标志是什么？使用铬酸洗液时应注意什么？

2. 容量瓶可以加热、烘干吗？

3. 浓硫酸在容量瓶中稀释时，可否将水加到浓硫酸中？为什么？

4. 同学之间互相演示讲解容量瓶的使用方法。

**（二）练练考考**

考核见表 2-43。

表 2-43　考核

| 日期 | | 室温 | | 考核人 | |
|---|---|---|---|---|---|

| 考核内容 | | 分值 | 考核记录 | | 扣分说明 | 扣分标准 | 扣分 |
|---|---|---|---|---|---|---|---|
| 容量瓶试漏 | | 5 | 已试 | | | 0 | |
| | | | 未试 | | | 1/次 | |
| 容量瓶洗涤方法 | | 5 | 正确 | | | 0 | |
| | | | 不正确 | | | 1/次 | |
| 直接法配制标准溶液 | 固体的称量 | 5 | 正确 | | | 0 | |
| | | | 不准确 | | | 1/次 | |
| | 干燥器的使用 | 5 | 正确 | | | 0 | |
| | | | 不准确 | | | 1/次 | |
| | 固体的溶解 | 5 | 正确 | | | 0 | |
| | | | 不正确 | | | 1/次 | |
| | 溶液的转移 | 5 | 正确 | | | 0 | |
| | | | 不正确 | | | 1/次 | |
| | 溶液的稀释 | 5 | 正确 | | | 0 | |
| | | | 不正确 | | | 1/次 | |
| | 溶液的定容 | 5 | 正确 | | | 0 | |
| | | | 不正确 | | | 2/次 | |
| | 容量瓶摇匀的手势 | 5 | 正确 | | | 0 | |
| | | | 不正确 | | | 1/次 | |
| | 容量瓶摇匀的次数 | 5 | 正确 | | | 0 | |
| | | | 不正确 | | | 1/次 | |
| 浓溶液稀释成稀溶液 | 单标线吸量管移取溶液的操作 | 10 | 正确 | | | 0 | |
| | | | 不正确 | | | 1/次 | |
| | 溶液的稀释 | 5 | 正确 | | | 0 | |
| | | | 不正确 | | | 1/次 | |
| | 溶液的定容 | 5 | 正确 | | | 0 | |
| | | | 不正确 | | | 2/次 | |
| | 容量瓶摇匀的手势 | 5 | 正确 | | | 0 | |
| | | | 不正确 | | | 1/次 | |
| | 容量瓶摇匀的次数 | 5 | 正确 | | | 0 | |
| | | | 不正确 | | | 2/次 | |
| 实验结束洗净和放置容量瓶 | | 5 | 正确 | | | 0 | |
| | | | 不正确 | | | 1/次 | |
| 实验过程台面 | | 5 | 整洁有序 | | | 0 | |
| | | | 脏乱 | | | 1/次 | |

| 考核内容 | 分值 | 考核记录 | | 扣分说明 | 扣分标准 | 扣分 |
|---|---|---|---|---|---|---|
| 废液、纸屑的处置 | 5 | 正确 | | | 0 | |
| | | 不正确 | | | 1/次 | |
| 实验后试剂、仪器放回原处 | 5 | 正确 | | | 0 | |
| | | 不正确 | | | 1/次 | |

# 任务五　酸碱滴定终点练习

## 一、任务要求

1. 掌握酚酞指示剂滴定终点的判断。
2. 掌握甲基橙指示剂滴定终点的判断。

## 二、任务目标

1. 学习、掌握滴定分析仪器的洗涤和正确使用方法。
2. 掌握配制盐酸和氢氧化钠溶液的操作方法。
3. 掌握酚酞指示剂滴定终点的判断。
4. 掌握甲基橙指示剂滴定终点的判断。

## 三、任务描述

酸碱滴定终点练习的任务描述见图 2-5。

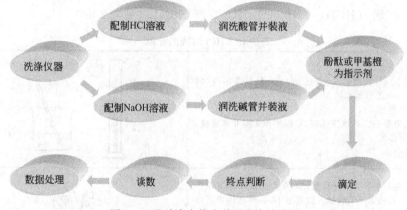

图 2-5　酸碱滴定终点练习的任务描述

## 四、任务分析

### (一) 实验原理 (见表 2-44)

表 2-44　实验原理

| 反应原理 | 相同体积的 0.1mol/L HCl 和 0.1mol/L NaOH 相互滴定时,滴定突跃范围是 4.3～9.7<br>化学反应方程式:$NaOH + HCl \longrightarrow NaCl + H_2O$ |
| --- | --- |
| 以酚酞为指示剂 | pH 变色范围是 8.0(无色)～ 10.0(红色)<br>用 NaOH 溶液滴定 HCl 时,选择酚酞作指示剂,终点颜色由无色到浅粉红色 |
| 以甲基橙为指示剂 | pH 变色范围是 3.1(红色)～ 4.4(黄色)<br>用 HCl 溶液滴定 NaOH 时,选择甲基橙作指示剂,终点颜色由黄色到橙红色 |

### （二）仪器的洗涤（见表 2-45）

**表 2-45　仪器的洗涤**

洗涤：50mL 酸式滴定管、50mL 碱式滴定管、3 个 250mL 锥形瓶，250mL 和 400mL 烧杯各 1 个，10mL 和 100mL 量筒各 1 个，500mL 试剂瓶 2 个等

注意：
- ◆ 酸式滴定管洗涤时，应注意保护玻璃旋塞，防止损坏
- ◆ 碱式滴定管用洗液洗涤时，洗液不能直接接触乳胶管，否则胶管会变硬损坏

洗净标准：洗涤之后的玻璃仪器内壁应完全被水均匀润湿，不挂水珠

### （三）配制酸碱溶液

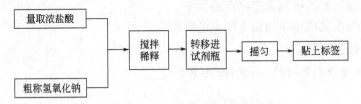

#### 1. 配制 $c(HCl)=0.1mol/L$ HCl 溶液 250mL（见表 2-46）

**表 2-46　HCl 溶液的配制**

| 操作 | 图示 |
|---|---|
| （1）用 10mL 量筒量取 4.5mL 6 mol/L HCl 溶液，倒入已加 100mL 蒸馏水的 500mL 烧杯中（如右图），用蒸馏水稀释至 250mL<br><br>注意：粗配 HCl 标准溶液时，量取体积无需非常准确，使用量筒即可 | 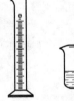 |
| （2）将烧杯中的溶液转移至试剂瓶。将玻璃棒下端在烧杯内壁轻轻靠一下后插入试剂瓶中，并使玻璃棒下端和试剂瓶内壁相接触再将烧杯嘴紧靠玻璃棒中下部。逐渐倾斜烧杯，缓缓使溶液沿玻璃棒全部流入瓶内。待溶液流完后，将烧杯嘴贴紧玻璃棒稍向上提，同时将烧杯慢慢直立，使附着在烧杯嘴上的最后一滴溶液流回烧杯中（见右图）<br><br>注意：转移时，玻璃棒要始终保持在试剂瓶口上方，防止玻璃棒下端的溶液滴落至瓶外 |  |
| （3）加蒸馏水稀释至 250mL，试剂瓶摇匀。贴上标签，标签上注明：试剂名称、配制浓度、配制者姓名（或班级-学号）、配制日期（见右图）<br><br>注意：试剂瓶摇匀时，手心不要接触瓶底，摇十次 | HCl<br>0.1mol/L<br>张强<br>2012.6.12 |

#### 2. 配制 $c(NaOH)=0.1mol/L$　NaOH 溶液 250mL（见表 2-47）

表 2-47　NaOH 溶液的配制

| | |
|---|---|
| (1) 在托盘天平上用表面皿粗略称取固体 NaOH 1.0～1.2g 放入小烧杯中(见右图)<br><br>注意:<br>◆ 由于 NaOH 在空气中会潮解、或与空气中 $CO_2$ 发生反应,所以应在台秤上迅速称量<br>◆ 量筒中水溶液应沿壁加入到烧杯中,防止溶液溅出 | 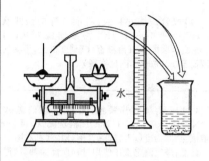 |
| (2) 用蒸馏水溶解,可用玻璃棒搅拌(见右图) |  |
| (3) 转移入聚乙烯的试剂瓶中(见图 a),加蒸馏水稀释至 250mL,摇匀。贴上标签(见图 b)<br><br>注意:试剂瓶摇匀时,手心不要接触瓶底,摇十次 | 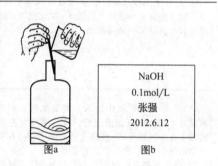<br>NaOH<br>0.1mol/L<br>张强<br>2012.6.12<br>图a　　图b |

## (四) 酸碱溶液的滴定

### 1. 以酚酞为指示剂的酸碱滴定

以酚酞为指示剂的酸碱滴定分为以下几个步骤 (见表 2-48)。

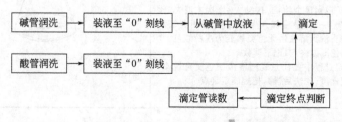

**表 2-48　以酚酞为指示剂的酸碱滴定步骤**

| | |
|---|---|
| （1）酸管润洗并装液：将准备好的酸式滴定管以 $c(HCl) = 0.1mol/L$ HCl 溶液润洗三次，每次 $5 \sim 10mL$，再装入 HCl 溶液至"0"刻度以上，排除气泡，调节液面至"0.00mL"处（见右图） | 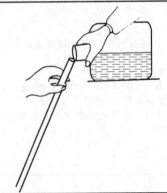 |
| （2）碱管润洗并装液：将准备好的碱式滴定用 $c(NaOH) = 0.1mol/L$ NaOH 润洗三次，再装入 NaOH 溶液至"0"刻度以上，排除气泡，调零（见右图）<br>注意：酸碱滴定管在使用过程前需涂油、试漏，使用过程中如产生气泡，必须赶掉气泡，重新装溶液滴定 | 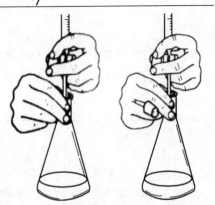 |
| （3）从酸式滴定管放出溶液：从滴定管放出 20 mL $c(HCl) = 0.1mol/L$ HCl 溶液于 250 mL 锥形瓶中。放出溶液时用左手控制酸式滴定管的旋塞，右手拿锥型瓶颈，使滴定管下端伸入瓶口约 1cm 深，并摇动（见右图）<br>注意：在使用酸式滴定管滴入溶液的整个过程中，左手不能离开旋塞任溶液自行流下，并且控制溶液滴定速度使其一滴紧跟一滴地流出 | |
| （4）滴定：在锥形瓶中加入 2 滴酚酞指示剂。从碱式滴定管中用 NaOH 溶液进行滴定。滴定时左手控制玻璃球上方的乳胶管，逐滴滴出 NaOH 溶液，右手拿住锥形瓶的瓶颈（见右图），并进行摇动<br>注意：①不要忘记加无色酚酞指示剂（加指示剂以后溶液仍为无色），否则无法观察滴定终点<br>②滴定时需沿同一方向摇动锥型瓶作圆周运动，不要前后晃荡，也不要使瓶口碰触滴定管下端 | 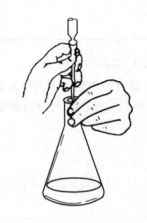 |
| （5）滴定终点的判断：开始滴定时，滴定点无明显的颜色变化，滴定速度可稍快些。到滴定点周围出现暂时性的颜色变化（浅粉红色）时，应一滴一滴地加入 NaOH 溶液。随着颜色消失渐慢，应更加缓慢滴入溶液。到近终点时，颜色扩散到整个溶液，摇动 $1 \sim 2$ 次才消失，此时应加一滴，摇几下。最后加入半滴溶液，并用蒸馏水冲洗瓶壁。一滴到溶液由无色突然变为浅粉红色，并在 30s 内不退色即为终点，记下读数<br>注意：在滴定过程中要注意观察溶液颜色变化规律，从而调整滴定速度（先快后慢），把握滴定终点 | |

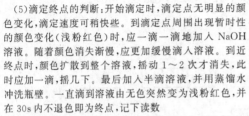

## 2. 以甲基橙为指示剂的酸碱滴定

以甲基橙为指示剂的酸碱滴定分为 3 个步骤（见表 2-49）

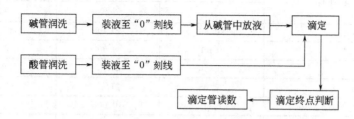

**表 2-49  以甲基橙为指示剂的酸碱滴定步骤**

| | |
|---|---|
| (1)从碱式滴定管放出溶液：从滴定管放出 20 mL $c(NaOH)=0.1mol/L$ NaOH 溶液于 250mL 锥形瓶中。放出溶液时用左手控制玻璃球上方的乳胶管，右手拿锥型瓶颈，使滴定管下端伸入瓶口约 1cm 深，并摇动（见右图）<br>注意：在使用碱式滴定管滴入溶液的整个过程中，左手不能离开玻璃珠，并且控制溶液滴定速度使其一滴紧跟一滴地流出 |  |
| (2)滴定：在锥型瓶中加入 1 滴甲基橙指示剂。从酸式滴定管中用 HCl 溶液进行滴定。滴定时左手控制酸式滴定管的旋塞，逐滴滴出 HCl 溶液，右手拿住锥型瓶的瓶颈，并摇动（见右图）<br>注意：指示剂不能多加，否则难以观察滴定终点 | 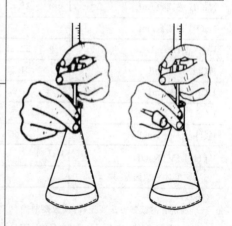 |
| (3)滴定终点的判断：开始滴定时，滴定点无明显的颜色变化，滴定速度可稍快些。到滴定点周围出现暂时性的颜色变化（红色）时，应一滴一滴地加入 HCl 溶液。随着颜色消失渐慢，应更加缓慢滴入溶液。到近终点时，颜色扩散到整个溶液，摇动 1～2 次才消失，此时应加一滴，摇几下。最后加入半滴溶液，并用蒸馏水冲洗瓶壁。一直滴到溶液由黄色突然变为橙红色，记下读数<br>注意：在滴定过程中要注意观察溶液颜色变化规律，从而调整滴定速度（先快后慢），把握滴定终点 | |

### （五）实验数据记录和分析结果计算

#### 1. 以酚酞作指示剂（见表 2-50）

**表 2-50  以酚酞作指示剂的实验数据记录和分析结果计算**

| 酸式滴定管编号 | 3 | | 碱式滴定管编号 | | 6 | |
|---|---|---|---|---|---|---|
| 日期 | 2012.6.20 | 室温 | 25℃ | | 试验人 | 张强 |

| 记录项目 | 序 次 | | |
|---|---|---|---|
| | 1 | 2 | 3 |
| HCl 终读数/mL | 20.56 | 21.68 | 20.98 |
| HCl 初读数/mL | 0.00 | 0.00 | 0.00 |
| $V(HCl)$/mL | 20.56 | 21.68 | 20.98 |
| NaOH 终读数/mL | 20.65 | 21.77 | 21.07 |
| NaOH 初读数/mL | 0.00 | 0.00 | 0.00 |
| $V(NaOH)$/mL | 20.65 | 21.77 | 21.07 |
| $V(HCl)/V(NaOH)$ | 0.9457 | 0.9959 | 0.9959 |
| $\bar{V}(HCl)/\bar{V}(NaOH)$ | | 0.9957 | |
| 相对平均偏差/% | | 0.010 | |

2. 以甲基橙作指示剂（见表 2-51）。

**表 2-51 以甲基橙作指示剂的实验数据记录和分析结果计算**

| 酸式滴定管编号 | | 3 | | 碱式滴定管编号 | | 6 |
|---|---|---|---|---|---|---|
| 日期 | 2012.6.20 | 室温 | 25℃ | | 试验人 | 张强 |

| 记录项目 | 序次 | | |
|---|---|---|---|
| | 1 | 2 | 3 |
| NaOH 终读数/mL | 21.65 | 22.58 | 21.24 |
| NaOH 初读数/mL | 0.00 | 0.00 | 0.00 |
| $V(NaOH)$/mL | 21.65 | 22.58 | 21.24 |
| HCl 终读数/mL | 21.55 | 22.48 | 21.15 |
| HCl 初读数/mL | 0.00 | 0.00 | 0.00 |
| $V(HCl)$/mL | 21.55 | 22.48 | 21.15 |
| $V(HCl)/V(NaOH)$ | 0.9954 | 0.9956 | 0.9958 |
| $\bar{V}(HCl)/\bar{V}(NaOH)$ | | 0.9956 | |
| 相对平均偏差/% | | 0.013 | |

注意：

(1)滴定管的读数方法要正确,读数要准确

(2)$V(HCl)/V(NaOH)$、$\bar{V}(HCl)/\bar{V}(NaOH)$计算结果保留四位有效数字,相对平均偏差保留两位有效数字。

## 五、 任务训练

### 实验五 酸碱滴定终点练习

#### （一）实验目的

1. 掌握滴定管的滴定操作技术。

2. 学会观察与判断滴定终点。

**（二）仪器和试剂**

1. 仪器：50mL 酸式和碱式滴定管各 1 支，250mL 锥形瓶 3 个，250mL 和 400mL 烧杯各 1 个，10mL 和 100mL 量筒各 1 个，500mL 试剂瓶 2 个等。

2. 试剂：NaOH（固体）、浓 HCl（6mol/L）、酚酞指示剂乙醇溶液 2g/L、甲基橙指示剂乙醇溶液 1g/L。

**（三）操作步骤**

1. 配制 $c$(HCl) ＝0.1mol/L HCl 溶液。用 10mL 量筒量取 4.5mL 6mol/L HCl 并转移入已装 100mL 蒸馏水的 500mL 烧杯中，用蒸馏水稀释至 250mL，转移入试剂瓶中，摇匀，贴上标签，写上试剂名称、配制浓度、配制者姓名、配制日期。

2. 配制 $c$(NaOH) ＝0.1mol/L NaOH 溶液。在托盘天平上用表面皿迅速称取固体 NaOH1.0～1.2g 放入小烧杯中，并用蒸馏水溶解，可用玻璃棒搅拌，溶解后移入试剂瓶中，并加入蒸馏水稀释至 250mL（贴上标签）。

3. 滴定终点练习。将准备好的酸式滴定管洗净，旋塞涂好凡士林，检漏，以 $c$(HCl) ＝0.1mol/L HCl 溶液润洗 3 次，每次 5～10mL，再装入 HCl 溶液至 "0" 刻度以上，排除滴定管下端的气泡，调节液面至 "0.00mL" 处。

将准备好的碱式滴定管洗净、检漏，用 $c$(NaOH) ＝0.1mol/L NaOH 润洗 3 次，再装入 NaOH 溶液至 "0" 刻度以上，排除气泡，调节液面至 "0.00mL" 处。

（1）从滴定管放出溶液：从酸式滴定管放出 20mL $c$(HCl) ＝0.1mol/L HCL 溶液于 250mL 锥形瓶中。放出溶液时用左手控制酸式滴定管的旋塞，右手拿锥型瓶颈，使滴定管下端伸入瓶口约 1cm。控制溶液滴定速度使其一滴紧跟一滴地流出。在使用酸式滴定管滴入溶液的整个过程中，控制旋塞的左手不能离开旋塞任溶液自行流下。

（2）滴定：在上述盛溶液的锥型瓶中加入 2 滴酚酞指示剂。从碱式滴定管中用 NaOH 溶液进行滴定。滴定时左手控制玻璃球上方的乳胶管，逐滴滴出 NaOH 溶液，右手拿住锥型瓶的瓶颈，一边滴，一边摇动锥型瓶，摇动时沿同一方向作圆周运动，不要前后晃荡，也不要使瓶口碰滴定管下端。注意观察滴定落点周围颜色的变化。

（3）滴定终点的判断：开始滴定时，滴定点周围无明显的颜色变化，滴定速度可稍加快些。到滴定点周围出现暂时性的颜色变化（浅粉红色）时，应一滴一滴地加入 NaOH 溶液。随着颜色消失渐慢，应更加缓慢滴入溶液。到近终点时，颜色扩散到整个溶液，摇动 1～2 次才消失，此时应加一滴，摇几下。最后加入半滴溶液，并用蒸馏水冲洗瓶壁。一直滴到溶液由无色突然变为浅粉红色，并在 30s 内不退色即为终点，记下读数。

（4）按上述方法，从碱式滴定管中放出 20 mL $c(HCl) = 0.1mol/L$ NaOH 溶液于 250mL 锥形瓶中。加入 1 滴甲基橙指示剂。从酸式滴定管中用 HCl 溶液滴定到由黄色变为橙红色，即为终点，记录所消耗的 HCl 溶液的体积。

**（四）实验记录和分析结果处理**

1. 以酚酞作指示剂（见表 2-52）

**表 2-52　以酚酞作指示剂的实验记录和分析结果处理**

| 酸式滴定管编号 | | | 碱式滴定管编号 | |
|---|---|---|---|---|
| 日期 | | 室温 | | 试验人 | |

| 记录项目 | 序　次 | | |
|---|---|---|---|
| | 1 | 2 | 3 |
| HCl 终读数/mL | | | |
| HCl 初读数/mL | | | |
| $V(HCl)$/mL | | | |
| NaOH 终读数/mL | | | |
| NaOH 初读数/mL | | | |
| $V(NaOH)$/mL | | | |
| $V(HCl)/V(NaOH)$ | | | |
| $\bar{V}(HCl)/\bar{V}(NaOH)$ | | | |
| 相对平均偏差/% | | | |

2. 以甲基橙作指示剂（见表 2-53）

**表 2-53　以甲基橙作指示剂的实验记录和分析结果处理**

| 酸式滴定管编号 | | | 碱式滴定管编号 | |
|---|---|---|---|---|
| 日期 | | 室温 | | 试验人 | |

| 记录项目 | 序　次 | | |
|---|---|---|---|
| | 1 | 2 | 3 |
| NaOH 终读数/mL | | | |
| NaOH 初读数/mL | | | |
| $V(NaOH)$/mL | | | |
| HCl 终读数/mL | | | |
| HCl 初读数/mL | | | |
| $V(HCl)$/mL | | | |
| $V(HCl)/V(NaOH)$ | | | |
| $\bar{V}(HCl)/\bar{V}(NaOH)$ | | | |
| 相对平均偏差/% | | | |

$$相对平均偏差 = \frac{\sum\limits_{i=1}^{n} |X_i - \bar{X}|}{n\bar{X}} \times 100\%$$

式中　$n$——测定次数；

　　　$X_i$——单次测定值；

　　　$\bar{X}$——测定值的平均值。

## 六、任务评价

### (一) 想想做做

1. 滴定管是否要用待装溶液润洗？如何润洗？

2. 每次从滴定管放出溶液或开始滴定时，为什么要从零刻度开始？

3. 若滴定结束时发现滴定管下端悬挂溶液或有气泡，应如何处理？

4. HCl 溶液和 NaOH 溶液定量完全反应后，都生成 NaCl 和 $H_2O$，为什么用 HCl 溶液滴定 NaOH 溶液时使用甲基橙作指示剂，而用 NaOH 溶液滴定 HCl 溶液时使用酚酞作指示剂？

### (二) 练练考考

考核见表 2-54。

表 2-54　考核

| 酸式滴定管编号 | | | | 碱式滴定管编号 | | |
|---|---|---|---|---|---|---|
| 日期 | | | 室温 | | 考核人 | |

| 考核内容 | | 分值 | 考核记录 | 扣分说明 | 扣分标准 | 扣分 |
|---|---|---|---|---|---|---|
| 酸碱管的涂油、试漏 | | 5 | 已试 | | 0 | |
| | | | 未试 | | 1/次 | |
| 玻璃仪器的洗涤 | | 5 | 正确 | | 0 | |
| | | | 不正确 | | 1/次 | |
| 配制酸碱溶液 | 盐酸溶液的配制 | 5 | 正确 | | 0 | |
| | | | 不准确 | | 1/次 | |
| | 氢氧化钠溶液的配制 | 5 | 正确 | | 0 | |
| | | | 不正确 | | 1/次 | |
| 酸碱溶液的滴定 | 酸管润洗、调零 | 5 | 正确 | | 0 | |
| | | | 不正确 | | 1/次 | |
| | 碱管润洗、调零 | 5 | 正确 | | 0 | |
| | | | 不正确 | | 1/次 | |
| | 从酸管中放出溶液 | 5 | 正确 | | 0 | |
| | | | 不正确 | | 1/次 | |

| 考核内容 | | 分值 | 考核记录 | | 扣分说明 | 扣分标准 | 扣分 |
|---|---|---|---|---|---|---|---|
| 酸碱溶液的滴定 | 指示剂的滴加量 | 5 | 正确 | | | 0 | |
| | | | 不正确 | | | 1/次 | |
| | 滴定操作 | 5 | 正确 | | | 0 | |
| | | | 不正确 | | | 1/次 | |
| | 滴定终点的判断 | 5 | 正确 | | | 0 | |
| | | | 不正确 | | | 1/次 | |
| | 滴定管读数 | 5 | 正确 | | | 0 | |
| | | | 不正确 | | | 1/次 | |
| 实验数据的记录 | | 5 | 正确 | | | 0 | |
| | | | 不正确 | | | 1/次 | |
| 分析结果计算 | | 5 | 正确 | | | 0 | |
| | | | 不正确 | | | 1/次 | |
| 分析结果评价(相对平均偏差) | | 20 | 相对平均偏差≤0.20 | | | 0 | |
| | | | 0.20<相对平均偏差≤0.40 | | | 5 | |
| | | | 0.40<相对平均偏差≤0.60 | | | 10 | |
| | | | 0.60<相对平均偏差≤0.80 | | | 15 | |
| | | | 相对平均偏差>0.80 | | | 20 | |
| 实验过程台面 | | 5 | 整洁有序 | | | 0 | |
| | | | 脏乱 | | | 1/次 | |
| 废液、纸屑的处置 | | 5 | 正确 | | | 0 | |
| | | | 不正确 | | | 1/次 | |
| 实验后试剂、仪器放回原处 | | 5 | 正确 | | | 0 | |
| | | | 不正确 | | | 1/次 | |

# 任务六　滴定分析仪器的校准

## 一、任务要求
学会滴定分析仪器的校准方法。

## 二、任务目标
1. 了解滴定分析仪器校准的意义。
2. 掌握用绝对校准法校准滴定管的方法。
3. 学会用绝对校准法校准单标线吸量管的方法。
4. 学会用绝对校准法校准容量瓶的方法。
5. 了解用相对校准法校准容量瓶和单标线吸量管的方法。

## 三、任务描述
校准滴定管的任务描述见图 2-6。

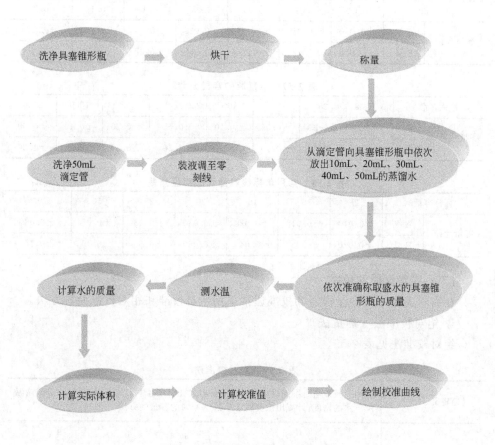

图 2-6　标准滴定管的任务描述

## 四、任务分析

### （一）玻璃量器的允差（见表 2-55）

表 2-55　玻璃量器的允差

| 1. 玻璃量器的分级 | 滴定分析仪器上所标示的体积为标准温度(20℃)时的标称容量,按其准确度的高低,分为 A 级(较高级)和 B 级(较低级)两种。不同等级的量器,其容量允差不同 |
|---|---|
| 2. 玻璃量器的容量允差 | 容量允差是指量器实际容量与标称容量之间允许存在的差值。由于温度的变化或试剂的侵蚀等原因,量器实际容量与标称容量之间客观存在着差值,此值必须符合容量允差<br>表 2-56～表 2-58 是一些容量仪器国家规定的容量允差 |
| 3. 用途 | 在工业分析中,A 级玻璃量器常用于准确度要求较高的分析,如原材料分析、成品分析及标准溶液的制备等;B 级玻璃量器一般用于生产过程控制分析 |

注意:对准确度要求较高的分析工作、仲裁分析、企业质检科、国家级实验室、国家级检测中心等部门使用的玻璃量器,则必须进行校准方可使用

**表 2-56　滴定管的容量允差**　　　　　　单位:mL

| 标称容量 | | 1 | 2 | 5 | 10 | 25 | 50 | 100 |
|---|---|---|---|---|---|---|---|---|
| 分度值 | | 0.01 | 0.01 | 0.02 | 0.05 | 0.1 | 0.1 | 0.2 |
| 容量允差 | A 级 | ±0.010 | ±0.010 | ±0.010 | ±0.025 | ±0.04 | ±0.05 | ±0.10 |
| | B 级 | ±0.020 | ±0.020 | ±0.020 | ±0.050 | ±0.08 | ±0.10 | ±0.20 |

**表 2-57　容量瓶的容量允差**　　　　　　单位:mL

| 标称容量 | | 5 或 10 | 25 | 50 | 100 | 200 或 250 | 500 | 1000 | 2000 |
|---|---|---|---|---|---|---|---|---|---|
| 容量允差 | A 级 | ±0.020 | ±0.03 | ±0.05 | ±0.10 | ±0.15 | ±0.25 | ±0.40 | ±0.60 |
| | B 级 | ±0.040 | ±0.06 | ±0.10 | ±0.20 | ±0.30 | ±0.50 | ±0.80 | ±1.20 |

**表 2-58　常用单标线吸量管的容量允差**　　　　　　单位:mL

| 标称容量 | | 2 | 5 | 10 | 20 | 25 | 50 | 100 |
|---|---|---|---|---|---|---|---|---|
| 容量允差 | A 级 | ±0.010 | ±0.015 | ±0.020 | ±0.030 | ±0.03 | ±0.05 | ±0.08 |
| | B 级 | ±0.020 | ±0.030 | ±0.040 | ±0.060 | ±0.06 | ±0.10 | ±0.16 |

### (二) 容量仪器的校准

在实际工作中,容量仪器的校准通常采用绝对校准和相对校准两种方法。

1. 绝对校准法 (称量法)

绝对校准法见表 2-59。

**表 2-59　绝对校准法**

| (1)定义 | 绝对校准法是准确称量量入式或量出式玻璃量器中水的表观质量,并根据该温度下水的密度,计算出该玻璃量器在 20℃时的容量的方法 |
|---|---|
| (2)计算 | $$V_t = \frac{m_t}{\rho_t}$$<br>式中　$V_t$——$t$℃时水的体积,mL;<br>　　　$m_t$——$t$℃时在空气中以砝码称得水的质量,g;<br>　　　$\rho_t$——$t$℃时在空气中水的密度,g/mL。 |

| (3)依据 | 测量体积基本单位是"升(L)",1L 是指在真空中质量为 1kg 的纯水在 3.98℃时所占的体积。滴定分析中常以"升"的千分之一"毫升(mL)"作为基本单位,即在 3.98℃时,1mL 纯水在真空中的质量为 1.000g。如果校准工作也就是在 3.98℃和真空中进行,则在数值上,称出纯水的质量(g)就等于纯水的体积(mL) |
|---|---|
| | 在实际工作中不可能在真空中称量,也不可能在 3.98℃时进行分析测定,而是在空气中称量,在室温下进行分析测定。国产的滴定分析仪器,其体积都是以 20℃为标准温度进行标定的 |
| | 注意:一个标有 20℃、体积为 1L 的容量瓶,表示在 20℃时,它的体积是 1L |

由于实际称量在空气中进行,因此将称出的纯水质量换算成体积时,必须考虑下列三方面因素

| ① 水的密度随温度的变化 | 水的密度随温度的变化而改变,水在 3.98℃的真空中密度为 1g/mL,高于或低于此温度,其密度均小于 1g/mL |
|---|---|
| ② 玻璃仪器随温度的变化 | 温度对玻璃仪器热胀冷缩的影响,温度改变时,因玻璃的膨胀和收缩,量器的容积也随之改变。因此,在不同的温度校准时,必须以标准温度为基础加以校准 |
| ③ 空气浮力对纯水质量的影响 | 在空气中称量时,空气浮力对纯水质量的影响。校准时,在空气中称量,由于空气浮力的影响,水在空气中称得的质量必小于在真空中称得的质量,这个减轻的质量应该加以校准 |

一定温度下,上述三个因素的校准值是一定的,所以可将其合并为一个总校准值。此值表示玻璃仪器(20℃)中容积为 1mL 的纯水在不同的温度下,于空气中用黄铜砝码称得的质量,列于表 2-60 中。

利用此值可将不同温度下水的质量换算成 20℃时的体积,其换算公式为:

$$V_{20} = \frac{m_t}{r_t}$$

式中 $V_{20}$——20℃时水的体积,mL;

$m_t$——$t$℃时在空气中以砝码称得水的质量,g;

$r_t$——$t$℃时每毫升纯水用黄铜砝码称得的质量,g/mL。

**表 2-60 不同温度下玻璃容器中 1mL 纯水在空气中用黄铜砝码称得的质量**

| 温度/℃ | 质量/g | 温度/℃ | 质量/g | 温度/℃ | 质量/g | 温度/℃ | 质量/g |
|---|---|---|---|---|---|---|---|
| 1 | 0.99824 | 11 | 0.99832 | 21 | 0.99700 | 31 | 0.99464 |
| 2 | 0.99832 | 12 | 0.99823 | 22 | 0.99680 | 32 | 0.99434 |
| 3 | 0.99839 | 13 | 0.99814 | 23 | 0.99660 | 33 | 0.99406 |
| 4 | 0.99844 | 14 | 0.99804 | 24 | 0.99638 | 34 | 0.99375 |
| 5 | 0.99848 | 15 | 0.99793 | 25 | 0.99617 | 35 | 0.99345 |
| 6 | 0.99851 | 16 | 0.99780 | 26 | 0.99593 | 36 | 0.99312 |
| 7 | 0.99850 | 17 | 0.99765 | 27 | 0.99569 | 37 | 0.99280 |
| 8 | 0.99848 | 18 | 0.99751 | 28 | 0.99544 | 38 | 0.99246 |
| 9 | 0.99844 | 19 | 0.99734 | 29 | 0.99518 | 39 | 0.99212 |
| 10 | 0.99839 | 20 | 0.99718 | 30 | 0.99491 | 40 | 0.99177 |

(1) 单标线吸量管校准。单标线吸量管的校准分为以下步骤:

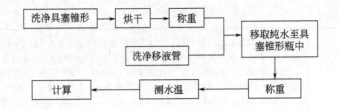

单标线吸量管校准的具体步骤见表 2-61。

**表 2-61  单标线吸量管校准的具体步骤**

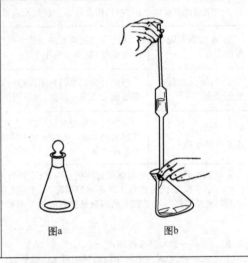

a. 取具塞锥形瓶(见图 a),洗净烘干
b. 在分析天平上称量具塞锥形瓶的质量
c. 洗净单标线吸量管
d. 移取纯水至刻度线处
e. 并放入已称量的具塞锥形瓶中(见图 b)
f. 在分析天平上称量盛水的具塞锥形瓶
g. 同时测出水的温度
h. 计算 20℃时的实际体积及校准值

图a          图b

注意:校准时,水完全流出后,微微旋转并停留 15s,再拿出单标线吸量管。此时管尖仍有一定的残留液

**【例】** 在 18℃ 时称得由 25mL 单标线吸量管中放出的纯水,其质量为 24.9028g,计算该单标线吸量管在 20℃时的容积及校准值。

**解** 查表 2-60 得,18℃ 时 1mL 水的质量为 0.99751g,则单标线吸量管在 20℃时的容积为:

$$V_{20} = \frac{m_t}{r_t} = \frac{24.9028}{0.99751} \text{mL} = 24.96 \text{mL}$$

体积校准值 $\Delta V = 24.96 \text{mL} - 25.00 \text{mL} = -0.04 \text{mL}$

(2) 容量瓶校准。容量瓶的校准分为以下步骤:

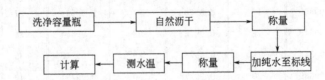

容量瓶校准的具体步骤见表 2-62。

表 2-62　容量瓶校准的具体步骤

| | |
|---|---|
| a. 洗净容量瓶,倒置沥干<br>b. 在分析天平上称量空容量瓶的质量<br>c. 在已称量的容量瓶中加入纯水至刻度<br>d. 在分析天平上称量已加水的容量瓶的质量<br>e. 同时测出水的温度<br>f. 计算 20℃时的实际体积及校准值 |  |

【例】　在 15℃时称得 250mL 容量瓶中至刻度线时容纳纯水的质量为 249.52g,计算该容量瓶在 20℃时的容积和校准值。

解　查表 2-60 得,15℃时 1mL 水的质量为 0.99793g,则容量瓶在 20℃时的容积为:

$$V_{20} = \frac{m_t}{r_t} = \frac{249.5026}{0.99793} \mathrm{mL} = 250.02\mathrm{mL}$$

体积校准值 $\Delta V = 250.02\mathrm{mL} - 250.00\mathrm{mL} = +0.02\mathrm{mL}$

(3) 滴定管校准。滴定管的校准分为以下步骤:

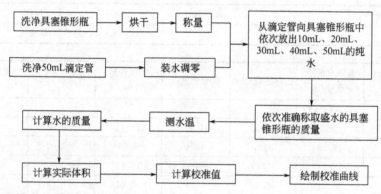

滴定管校准的具体步骤见表 2-63。

表 2-63　滴定管校准的具体步骤

| | |
|---|---|
| a. 取 50mL 具塞锥形瓶(见图 a),洗净烘干。冷却后在分析天平上称取其质量<br>b. 洗净滴定管,加满纯水,赶气泡<br>c. 将液面调节至 0.00 刻度处<br>d. 按约每秒 2～3 滴的滴定速度,从滴定管向具塞锥形瓶中依次放出 10mL,20mL,30mL,40mL,50mL 的纯水(见图 b)<br>e. 依次准确称量盛水的具塞锥形瓶的质量<br>f. 测定当时蒸馏水的温度<br>g. 计算水的质量<br>h. 计算 20℃时的实际体积及校准值<br>i. 计算总校准值(指 0～10mL、0～20mL、0～30mL、0～40mL、0～50mL 的校准值)<br>j. 绘制滴定管校正曲线 | 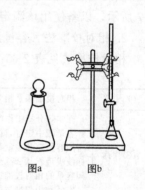<br>图a　　　图b |

注意：
◆ 从滴定管向具塞锥形瓶中依次放出蒸馏水时，注意勿将水沾在瓶口上
◆ 每次放出溶液不一定恰好在被校刻度线上，但相差不应大于 0.1mL
◆ 必须每次放出纯水至被校刻度线以上约 0.5mL 时，等待 15s，然后在 10s 内将液面调节至被校刻度线，随即用具塞锥形瓶内壁靠下挂在尖嘴下的液滴，立即盖上瓶塞进行称量

【例】 在 21℃时由滴定管中放出 0.00～10.03mL 纯水，称得其质量为 9.9810g，计算该段滴定管在 20℃时的实际体积及校准值。

解 查表 2-60 得，21℃时 1mL 水的质量为 0.99700g，则该段滴定管在 20℃时的实际体积为：

$$V_{20} = \frac{m_t}{r_t} = \frac{9.9810}{0.99700}mL = 10.01mL$$

体积校准值 $\Delta V = 10.01mL - 10.03mL = -0.02mL$

该段滴定管在 20℃时的校准值为 −0.02mL。

校准滴定管的实例见表 2-64。

表 2-64　50mL 滴定管校准实例

| 滴定管编号 | 06 | | 天平编号 | | 08 | | 日期 | 2012.9.20 |
|---|---|---|---|---|---|---|---|---|
| 室温/℃ | 25 | 水温/℃ | 25 | $r_{25}$/(g/mL) | | 0.99617 | 试验人 | 张斌 |

| 滴定管读数/mL | 瓶+水的总质量/g | 标称容量/mL | 水的质量/g | 实际容量/mL | 校准值/mL | 总校准值/mL |
|---|---|---|---|---|---|---|
| 0.03 | 29.20(空瓶) | | | | | |
| 10.13 | 39.28 | 10.10 | 10.08 | 10.12 | +0.02 | +0.02 |
| 20.13 | 49.19 | 9.97 | 9.91 | 9.95 | −0.02 | 0.00 |
| 30.17 | 59.27 | 10.07 | 10.08 | 10.12 | +0.05 | +0.05 |
| 40.20 | 69.24 | 10.03 | 9.97 | 10.01 | −0.02 | +0.03 |
| 49.99 | 79.07 | 9.79 | 9.83 | 9.87 | +0.08 | +0.11 |

以滴定管读数为横坐标、相应的总校准值为纵坐标，画出校准曲线，如图 2-7 所示，以备使用该滴定管时查取。

2. 相对校准法（容量法）

相对校准法见表 2-65。

表 2-65　相对校准法

| (1)定义 | 相对校准法是相对比较两容器所盛液体容积的比例关系。B 级量器可采用此方法校准 |
|---|---|
| (2)用途 | 在实际分析工作中，容量瓶与单标线吸量管常配合使用。如经常将一定量的物质溶解后在容量瓶中定容，再用单标线吸量管取出一部分进行定量分析。因此，重要的不是要知道所用容量瓶和吸量管的绝对体积，而是容量瓶与吸量管的容积比是否正确。如用 25mL 单标线吸量管从 250mL 容量瓶中移出溶液的体积是否是容量瓶体积的 1/10。可见，它们之间容量的相对校准比分别绝对校准显得更为方便<br>实际常用校准过的单标线吸量管来校准容量瓶，确定其比例关系 |

| | 以下为 25mL 单标线吸量管和 250mL 容量瓶作相对校准的操作步骤 |
|---|---|
| | ① 将 250mL 容量瓶洗净、晾干 |
| (3)方法 | ② 用洗净的 25mL 单标线吸量管准确吸取纯水,放入 250mL 容量瓶中,平行移取 10 次<br>注意:不要使水滴落在容量瓶瓶颈的磨口处 |
| | ③ 仔细观察容量瓶中水的弯月面下缘是否与标线相切。若正好相切,说明单标线吸量管与容量瓶体积之比为 1∶10,可以用原标线;若不相切,另作一标记(贴一平直的窄纸条使纸条上沿与弯月面相切) |
| | ④ 待容量瓶晾干后再校准一次,若连续两次实验相符,在纸条上贴一块透明胶布保护此标记。以后使用的该容量瓶与该单标线吸量管即可按所贴标记配套使用 |

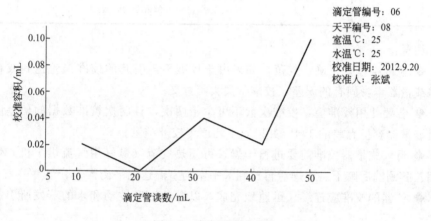

滴定管编号: 06
天平编号: 08
室温℃: 25
水温℃: 25
校准日期: 2012.9.20
校准人: 张斌

图 2-7　滴定管校准曲线

注意:

◆ 容量仪器校准前必须用铬酸洗液充分洗涤干净,当水面下降(或上升)时与器壁接触处形成正常弯月面,水面上部器壁不应有挂水滴等沾污现象。

◆ 严格按照容量器皿的使用方法读取体积读数。

◆ 校准用水和容量仪器及称量瓶的温度应尽可能接近室温,温度测量精确至 0.1℃。称量法校准时,室内温度波动不得大于 1℃/h。

◆ 滴定管一般采用绝对校准法,对于配套使用的单标线吸量管和容量瓶,可采用相对校准法,用作取样的单标线吸量管,则必须采用绝对校准法。

◆ 绝对校准法准确,但操作比较麻烦。相对校准法操作简单,但必须配套使用。

3. 溶液体积的校准 (见表 2-66)

## 表 2-66　溶液体积的校准

定量分析玻璃计量器具，都是以 20℃ 为标准温度来标定和校准的，但是使用时往往不是在 20℃，温度变化会引起仪器容积和溶液体积的改变

| | |
|---|---|
| (1)原理 | 　　如果在某一温度下配制溶液，并在同一温度下使用，就不必校准，因为这时所引起的误差在计算时可以抵消；如果在不同的温度下使用，则需要校准。当温度变化不大时，玻璃仪器容积变化的数值很小，可忽略不计，但溶液体积的变化则不能忽略。溶液体积的改变是由于溶液密度的改变所致，稀溶液密度的变化和水相近。<br>　　附录 1 列出了在不同温度下 1000mL 水或稀溶液换算到 20℃ 时，其体积应增减的数值(mL) |
| (2)计算 | 　　【例】在 10℃ 时，滴定用去 26.08mL 浓度为 0.1028mol/L 的 HCl 标准滴定溶液，计算在 20℃ 时 HCl 标准滴定溶液的体积应为多少？<br>　　**解**　查得此滴定管的校正曲线在 26.08mL 处的校正值为 −0.02mL；<br>　　同时查附录 1 得，10℃ 时 1L 0.1mol/L 溶液的补正值为 +1.5mL，则该溶液的体积校准值为：<br>$$\dfrac{26.08-0.02}{1000}\times(+1.5)\text{mL}=+0.04\text{mL}$$<br>　　则该溶液在 20℃ 时的实际体积为：<br>$$V=26.08\text{mL}+0.04\text{mL}=26.12\text{mL}$$ |

注意：

◆ 校准操作要正确、规范，如果由于校准不当引起的校准误差达到或超过允差或量器本身固有的误差，校准就失去了意义。

◆ 若要使用校准值，校准次数不可少于两次，且两次校准数据的偏差应不超过该量器容量允差的 1/4，并以其平均值为校准结果。

◆ 量入式量器校准前要进行干燥，可用热气流（最好用气流烘干机）烘干或用乙醇涮洗后晾干。干燥后再放到天平室与室温达到平衡。

◆ 仪器的校准应连续、迅速地完成，以避免温度波动和水的蒸发所引起的误差。

## 五、 任务训练

## 实验六　滴定分析仪器的校准

### (一) 实验目的

1. 了解滴定分析仪器校准的意义。

2. 掌握用绝对校准法校准酸式滴定管的方法。

3. 掌握用绝对校准法校准碱式滴定管的方法。

4. 掌握用相对校准法校准容量瓶和单标线吸量管的方法。

### (二) 仪器和试剂

50mL 酸式滴定管、50mL 碱式滴定管、小烧杯、具塞锥形瓶（50mL）、单标线吸量管（25mL）、容量瓶（250mL）、温度计（分度值 0.1℃）、分析天平等。

（三）操作步骤

1. 用绝对校准法校准酸式滴定管。

（1）洗净一支 50mL 的酸式滴定管，用滤纸擦干外壁。注入纯水至标线以上约 5m 处，竖直夹在滴定管架上，等待 30s 后调节液面至 0.00mL。

（2）取一只洗净晾干的 50mL 具塞锥形瓶，在分析天平上称得其质量。

（3）从滴定管向具塞锥形瓶中按刻度值依次放出 10mL、20mL、30mL、40mL、50mL 纯水（若校准 25mL 滴定管每次放出 5mL 左右）。注意：每次放出溶液不一定恰好在被校刻度线上，但相差不应大于 0.1mL。随即用具塞锥形瓶内壁靠下挂在尖嘴下的液滴，立即盖上瓶塞进行称量。

（4）测量水温，从表 2-60 中查出该温度下的 $r_t$ 值，利用 $V_{20} = \dfrac{m_t}{r_t}$ 计算被校分度标线的实际体积。

（5）计算出相应的校准值（$\Delta V =$ 实际体积－标称容量）和总校准值。

（6）做两次以上平行实验，取其平均值。

（7）以滴定管被校刻度线的标称容量为横坐标、相应的总校准值为纵坐标，用直线连接各点绘出校准曲线。并在图中注明滴定管编号、校准日期和校准人等信息。

2. 用绝对校准法校准碱式滴定管。方法同上。

3. 用相对校准法校准容量瓶和单标线吸量管。

（1）将 250mL 容量瓶洗净、晾干（可用少量乙醇润洗内壁后倒挂在漏斗架上控干）。

（2）用洗净的 25mL 单标线吸量管准确吸取纯水，放入容量瓶中，注意不要使水滴落在容量瓶瓶颈的磨口处，平行移取 10 次。

（3）仔细观察容量瓶中水的弯月面下缘是否与标线相切。若正好相切，说明单标线吸量管与容量瓶体积之比为 1∶10，可以用原标线；若不相切，另作一标记（贴一平直的窄纸条使纸条上沿与弯月面相切）。

（4）待容量瓶晾干后再校准一次，若连续两次实验相符，在纸条上贴一块透明胶布保护此标记。以后使用的该容量瓶与单标线吸量管即可按所贴标记配套使用。

（四）分析数据记录和处理

50mL 滴定管校准记录见表 2-67。

表 2-67　50mL 滴定管校准记录

| 滴定管编号 | | | 天平编号 | | | 日期 | |
|---|---|---|---|---|---|---|---|
| 室温/℃ | | 水温/℃ | | $r_t$/(g/mL) | | 试验人 | |

| 滴定管读数/mL | 瓶＋水的总质量/g | 标称容量/mL | 水的质量/g | 实际容量/mL | 校准值/mL | 总校准值/mL |
|---|---|---|---|---|---|---|
|  |  |  |  |  |  |  |
|  |  |  |  |  |  |  |
|  |  |  |  |  |  |  |
|  |  |  |  |  |  |  |
|  |  |  |  |  |  |  |

## 六、任务评价

### （一）想想做做

1. 容量仪器为什么要进行校准？

2. 称量纯水所用的锥形瓶为什么必须是具塞磨口锥形瓶？为什么要避免将磨口和瓶塞沾湿？在放出纯水时，瓶塞如何放置？

3. 在校准滴定管时，为什么具塞磨口锥形瓶的外壁必须干燥？其内壁是否一定要干燥？

4. 在校准滴定管时，锥形瓶和水的质量是否必须称准至 0.0001g，为什么？

5. 如果要用称量法校准一支 25mL 单标线吸量管，试写出校准的简要步骤。

### （二）练练考考

考核见表 2-68。

表 2-68　考核

| 滴定管编号 |  | 天平编号 |  |  |  | 日期 |  |
|---|---|---|---|---|---|---|---|
| 室温/℃ |  | 水温/℃ |  | $r_t$/(g/mL) |  | 考核人 |  |

| 考核内容 |  | 分值 | 考核记录 |  | 扣分说明 | 扣分标准 | 扣分 |
|---|---|---|---|---|---|---|---|
| 天平使用前准备工作（8分） | 调节天平水平 | 2 | 正确 |  |  | 0 |  |
|  |  |  | 不正确 |  |  | 2 |  |
|  | 打扫秤盘 | 2 | 打扫 |  |  | 0 |  |
|  |  |  | 未打扫 |  |  | 2 |  |
|  | 预热 | 2 | 预热 |  |  | 0 |  |
|  |  |  | 未预热 |  |  | 2 |  |
|  | 开启显示器调零点 | 2 | 正确 |  |  | 0 |  |
|  |  |  | 不正确 |  |  | 2 |  |

| 考核内容 | | 分值 | 考核记录 | | 扣分说明 | 扣分标准 | 扣分 |
|---|---|---|---|---|---|---|---|
| 滴定管操作（20分） | 洗涤 | 2 | 洗净 | | | 0 | |
| | | | 未洗净 | | | 2 | |
| | 赶气泡 | 2 | 正确 | | | 0 | |
| | | | 不正确 | | | 2 | |
| | 尖嘴挂液的处理 | 2 | 正确 | | | 0 | |
| | | | 不正确 | | | 2 | |
| | 零刻线的调节 | 2 | 正确 | | | 0 | |
| | | | 不正确 | | | 2 | |
| | 读数前的静置 | 2 | 正确 | | | 0 | |
| | | | 不正确 | | | 2 | |
| | 读数 | 10 | 正确 | | | 0 | |
| | | | 不正确 | | | 2/次 | |
| 具塞锥形瓶（12分） | 洗涤 | 2 | 洗净 | | | 0 | |
| | | | 未洗净 | | | 2 | |
| | 晾干 | 2 | 晾干 | | | 0 | |
| | | | 未晾干 | | | 2 | |
| | 拿取 | 4 | 正确 | | | 0 | |
| | | | 不正确 | | | 2/次 | |
| | 称量 | 2 | 正确 | | | 0 | |
| | | | 不正确 | | | 2 | |
| | 称量时开关天平门 | 2 | 正确 | | | 0 | |
| | | | 不正确 | | | 2 | |
| 数据处理（46分） | 有效数字记录 | 8 | 规范、完整 | | | 0 | |
| | | | 错误 | | | 2/次 | |
| | 查 $r_t$ 值 | 4 | 正确 | | | 0 | |
| | | | 不正确 | | | 4 | |
| | 计算 $V_{20}$ | 10 | 正确 | | | 0 | |
| | | | 不正确 | | | 2/次 | |
| | 计算校准值 | 10 | 正确 | | | 0 | |
| | | | 不正确 | | | 2/次 | |
| | 作图 | 8 | 规范、完整、比例恰当 | | | 0 | |
| | | | 错误 | | | 2/次 | |

| 考 核 内 容 | | 分值 | 考 核 记 录 | 扣分说明 | 扣分标准 | 扣分 |
|---|---|---|---|---|---|---|
| 数据处理<br>(46分) | 校准结果 | 6 | 达到允量差 | | 0 | |
| | | | 未达到<br>允量差 | | 6 | |
| 结束工作<br>(14分) | 天平复原 | 2 | 复原 | | 0 | |
| | | | 未复原 | | 2 | |
| | 关闭天平 | 2 | 关闭 | | 0 | |
| | | | 未关闭 | | 2 | |
| | 天平使用记录登记 | 2 | 登记 | | 0 | |
| | | | 未登记 | | 2 | |
| | 洗净和放置滴定管 | 2 | 正确 | | 0 | |
| | | | 不正确 | | 2 | |
| | 实验过程台面 | 2 | 整洁有序 | | 0 | |
| | | | 脏乱 | | 2 | |
| | 废液、纸屑的处置 | 2 | 正确 | | 0 | |
| | | | 不正确 | | 2 | |
| | 实验后试剂、仪器<br>放回原处 | 2 | 正确 | | 0 | |
| | | | 不正确 | | 2 | |

# 模块三 沉淀重量法基本操作

**任务一 仪器介绍**

沉淀重量法所用仪器见表 3-1。

表 3-1 沉淀重量法所用仪器

| 滤纸 | 滤纸,是能从流体悬浮物中有选择地滞留颗粒的纸(见右图),常用于过滤操作。根据过滤速度可分为快速、中速、慢速滤纸三种。而根据燃烧后的灰分又可分为定性滤纸和定量滤纸<br>以细晶形 $BaSO_4$ 沉淀为例,应选用慢速定量滤纸<br>注意:<br>沉淀的量应不超过滤纸圆锥的一半,同时滤纸上边缘应低于漏斗边缘 $0.5\sim1cm$,过滤液倒入滤纸中的高度不应超过滤纸高度的 2/3,以免沉淀延展到滤纸外 | 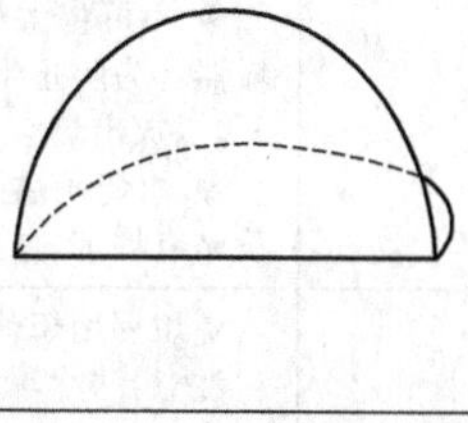 |
| 长颈漏斗 | 长颈漏斗(见右图)常用于过滤操作。过滤时,漏斗中要装入滤纸<br>注意:漏斗在使用前应洗净 | 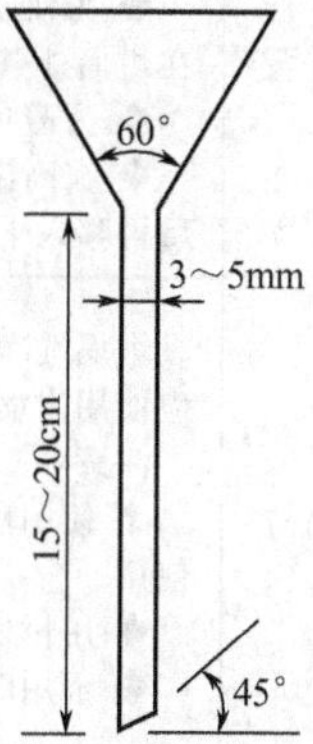 |

| | | |
|---|---|---|
| | 　　干燥器是具有磨口盖的密闭厚壁玻璃器皿(见右图),常用以保存干燥试样、坩埚、称量瓶等<br>　　干燥器内搁置一块洁净带圆孔瓷板,将其分成上下两室,上室放被干燥物品,下室装干燥剂(如变色硅胶或无水氯化钙等) |  |
| 干燥器 | 　　开启或关闭干燥器时,不能往上掀盖,应用左手向身体一侧用力按住干燥器身,右手握着盖的圆球把手小心向前平推,等冷空气徐徐进入后,才能完全推开(见右图),盖子必须仰放在桌子上,防止滚落在地 |  |
| | 　　搬移干燥器时,双手大拇指紧紧按住盖子边缘,其他手指托住凸出的下沿部位,绝对禁止用单手捧其下部,以防盖子滑落(见右图) |  |
| | 注意:<br>　◆ 干燥器使用前,磨口边沿涂一薄层凡士林,使之能与盖子密合<br>　◆ 不可将太热的物体放入干燥器中。刚灼烧的物品应先在空气中冷却30~60s,再放入干燥器。为防止干燥器中空气受热膨胀会把盖子顶起打翻,应当用手按住,不时把盖子稍微推开,以放出热空气,直至不再有热空气逸出时才可盖严盖子<br>　◆ 灼烧或烘干后的坩埚和沉淀,在干燥器内不宜放置过久,否则会因吸收一些水分而使质量略有增加 | |
| 瓷坩埚 | 　　瓷坩埚用于灼烧沉淀,高温处理样品(见右图)<br>注意:<br>　◆ 为便于识别,新坩埚洗净烘干后,用 $CoCl_2$ 或 $FeCl_3$ 溶液在坩埚外壁和坩埚盖上书写编号<br>　◆ 为避免坩埚在高温炉中因骤热骤冷而爆裂,应事先预热<br>　◆ 在高温状态下,从高温炉中取出坩埚时,应待其红热褪去后再移入干燥器中 | 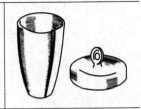 |
| 坩埚钳 | 　　坩埚洗净后,坩埚的灼烧、称量过程中都不能用手直接拿取,应使用坩埚钳(见右图)<br>注意:<br>　◆ 使用前,要检查钳尖是否洁净,如有沾污必须处理后才能使用<br>　◆ 用坩埚钳夹取灼热坩埚时,必须预热<br>　◆ 不用时坩埚钳要平放在石棉网上,钳尖朝上,以免沾污 | 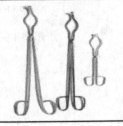 |

| | |
|---|---|
| 高温电炉 | 在重量分析中高温电炉用来灼烧坩埚和沉淀以及熔融某些试样。其使用温度可达 1100～1200℃<br><br>温度控制器的红灯亮表示高温电炉处于升温状态。当温度升到预定温度时,红灯、绿灯交替变换,表示电炉处于恒温状态(见右图) | 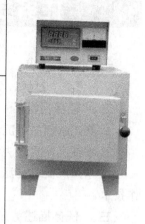 |

注意:

◆ 欲进行灼烧的物质必须置于完好的瓷坩埚或蒸发皿内,用长坩埚钳送入,应尽量放在炉膛中间位置,切勿触及热电偶,以免将其折断

◆ 在加热过程中,切勿打开炉门;电炉使用过程中,切勿超过最高温度,以免烧毁电热丝

◆ 灼烧完毕,切断电源,不能立即打开炉门。待温度降低至200℃左右时,才能打开炉门,取出灼烧物品,冷却至 60℃左右时,放入干燥器内冷却至室温

◆ 长期搁置未使用的高温电炉,在使用前必须进行一次烘干处理。烘炉时间,从室温到200℃烘 4h,400～600℃烘 4h

# 任务二　沉淀重量法基本操作

## 一、任务要求

掌握沉淀、过滤、洗涤、烘干、灼烧及称量等沉淀重量分析基本操作方法。

## 二、任务目标

1. 熟练掌握晶形沉淀的沉淀条件。

2. 掌握沉淀重量法测定钡离子含量的基本原理和计算方法。

3. 掌握沉淀、过滤、洗涤、烘干、灼烧及称量等沉淀重量分析方法基本操作技术。

## 三、任务描述

沉淀重量法基本操作的任务描述见图 3-1。

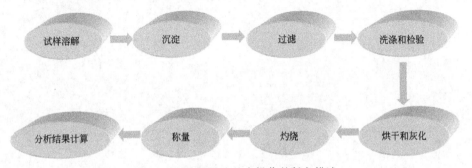

图 3-1　沉淀重量法基本操作的任务描述

## 四、任务分析

### (一) 实验原理 (见表 3-2)

表 3-2　沉淀重量分析法的实验原理

| 定义 | 沉淀重量法是根据反应生成沉淀的质量来确定待测组分含量的定量分析方法 |
| --- | --- |
| 操作步骤 | 试样溶解→沉淀→过滤→洗涤→烘干→灼烧→称量→计算待测组分含量 |
| 化学反应方程式 | (以 $BaCl_2$ 含量测定为例)$BaCl_2 + H_2SO_4 \longrightarrow BaSO_4\downarrow + 2HCl$ |

### (二) 沉淀重量法分析基本操作

## 1. 试样溶解（见表 3-3）

表 3-3　试样溶解

| 操作说明 | 图示 |
|---|---|
| （1）称取一定量试样放入烧杯，盖上表面皿。根据试样的性质用水、酸或其他溶剂溶解(见右图)<br>注意：溶剂沿烧杯内壁倒入或沿下端紧靠烧杯内壁的玻璃棒流下，防止溶液飞溅 | 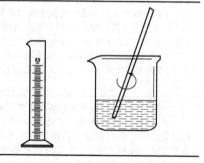 |
| （2）如果溶样需电炉加热，应盖好表面皿，搅拌可加速溶解，但玻璃棒不能触碰烧杯内壁及杯底，也不能将玻璃棒拿出。溶解后用洗瓶吹洗表面皿凸面，水流沿壁流下，再吹洗烧杯壁<br>注意：溶样加热时，温度不要太高，以免暴沸使溶液溅出 | |

## 2. 沉淀（以 $BaSO_4$ 晶形沉淀为例，见表 3-4）

表 3-4　$BaSO_4$ 晶形沉淀

| 操作说明 | 图示 |
|---|---|
| （1）加入沉淀剂：一手拿滴管，滴加沉淀剂，滴管口要接近液面，以免溶液溅出，滴加速度要慢，同时另一手持玻璃棒充分搅拌溶液，注意玻璃棒不要碰烧杯壁或烧杯底，以免划损烧杯(见右图)<br>注意：<br>◆ 晶形沉淀需在热溶液中生成<br>◆ 沉淀操作时，放入试样溶液中的玻璃棒不能拿出，以免溶液有所损失<br>◆ 最好在断电的电炉上，趁热加入沉淀剂，要慢而且要不断搅拌 | 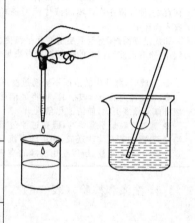 |
| （2）检查沉淀是否完全：待沉淀下沉后，在上层澄清液中，沿杯壁加 1～2 滴沉淀剂，观察滴落处是否出现浑浊，无浑浊出现表明已沉淀完全<br>注意：如出现浑浊，需再补加沉淀剂，直至沉淀完全为止 | |
| （3）沉淀陈化：将玻璃棒放于烧杯尖嘴处，盖上表面皿，以免灰尘进入，放置过夜也可加热陈化 | |

## 3. 过滤（表 3-5）

表 3-5　过滤

目的：使沉淀从溶液中分离出来
　　对于需要灼烧的沉淀，要用定量滤纸在长颈漏斗中过滤

| 操作说明 | 图示 |
|---|---|
| （1）折叠和安放滤纸：滤纸的折叠一般采用四折法(见右图)。折叠滤纸的手要洗净擦干，先把滤纸对折并将折边按紧，然后再对折，但不要按紧，把折成圆锥形的滤纸放入干燥漏斗中。取出圆锥形滤纸，将半边为三层滤纸的外层折角撕下一小角，这样可以使内层滤纸紧贴在漏斗内壁上<br>注意：<br>◆ 滤纸的上边缘应低于漏斗边缘 0.5～1cm<br>◆ 滤纸应与漏斗内壁紧密贴合<br>◆ 撕下来的滤纸角，不能弃去，保存在干燥洁净的表面皿上，留作擦拭烧杯内壁或玻璃棒上残留沉淀用 | 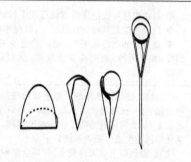 |

| | |
|---|---|
| (2)做水柱:滤纸三层的在漏斗颈的斜口长侧,用手按紧使之密合,然后用洗瓶加入少量水润湿全部滤纸。用干净手指轻压滤纸赶去滤纸与漏斗壁间的气泡,使其紧贴于漏斗壁上。然后加水至滤纸边缘,此时漏斗颈内应全部充满水,且无气泡,形成水柱,可加快过滤速度<br><br>注意:若不能形成水柱,则表示滤纸没有完全紧贴漏斗壁,或因为漏斗颈不干净,必须重新折叠放置滤纸或重新清洗漏斗 | |
| (3)倾泻法过滤:做好水柱的漏斗应放在漏斗架上,用一个洁净的烧杯承接滤液。将漏斗颈出口斜长的一侧贴紧烧杯内壁,这样既可以加快过滤速度,又可防止滤液外溅。漏斗位置的高低,以过滤过程中漏斗颈的出口不接触滤液为佳(见右图)<br><br>将烧杯移到漏斗上方,将玻璃棒下端接近三层滤纸的一边,但不要触及滤纸或滤液。烧杯嘴与玻璃棒贴紧,慢慢倾倒烧杯使上层清液沿玻璃棒倾入漏斗<br><br>暂停倾注时,应沿玻璃棒将烧杯嘴往上提,逐渐使烧杯直立,使残留在烧杯嘴的液体流回烧杯中,将玻璃棒放入烧杯中<br><br>如此重复操作,直至上层清液几乎倾完为止。过滤过程中,带有沉淀和溶液的烧杯放置方法见右图<br><br>注意:<br>◆ 过滤时,漏斗中的液面不要超过滤纸高度的2/3<br>◆ 当烧杯内的液体较少时,可将玻璃棒稍稍倾斜,使烧杯倾斜角度更大,使清液尽量流出<br>◆ 滤液有时是不需要的,但在过滤过程中,应注意滤液是否浑浊,若有浑浊现象,则可能有沉淀渗滤,或滤纸意外破裂,需要重滤,所以要用洗净的烧杯来承接滤液 | 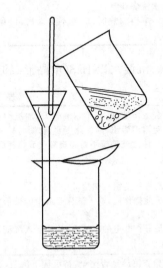 |

### 4. 洗涤和检验(表 3-6)

表 3-6  洗涤和检验

目的:为了除去混杂在沉淀中的母液和吸附在沉淀表面上的杂质

| | |
|---|---|
| (1)洗涤液洗涤:沉淀用倾泻法过滤后,沿盛有沉淀的烧杯内壁四周加入 10~20mL 洗涤液(每次),用玻璃棒充分搅起沉淀,使沉淀集中在沉淀底部,因玻璃棒下部沾附有沉淀,要注意清洗玻璃棒,静置(见右图),待沉淀沉降后,按上法倾注过滤,如此多次洗涤沉淀 3~4 次(见右图)<br><br>注意:<br>◆ 每次应尽可能把洗涤液倾尽沥干再加第二份洗涤液<br>◆ 沉淀不能过早倾倒在滤纸上,以免影响过滤速度<br>◆ 在过滤和洗涤过程中,随时检查滤液是否透明不含沉淀颗粒,如有浑浊,说明有穿滤现象,此时应重新过滤,或重做实验 | 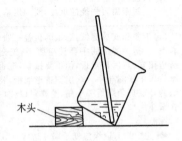<br>木头 |
| (2)检验:洗涤液洗涤的次数依据检验的结果。以"测定氯化钡含量"这一试验为例。从长颈漏斗中取少许滤液于一洁净表面皿上,加 2 滴稀硝酸和 1 滴硝酸银溶液,如无浑浊(即无白色氯化银沉淀生成),则表示洗涤干净<br><br>注意:表面皿上应无自来水,否则会影响测定结果 | |

(3)沉淀的转移:在盛有沉淀的烧杯中加入 10～15mL 蒸馏水,搅拌沉淀,小心使悬浊液沿玻璃棒全部倾入漏斗中,如此重复 2～3 次,使大部分沉淀转移至漏斗

对于烧杯中剩余的极少量沉淀,将玻璃棒横放在烧杯口上,一手食指按住玻璃棒的较高地方,大拇指在前,其余手指在后,拿起烧杯,放在漏斗上方,倾斜烧杯使玻璃棒指向三层滤纸的一边,用另一手以洗瓶冲洗烧杯壁上附着的沉淀,使洗涤液和沉淀沿玻璃棒全部流入漏斗中(见右图)

注意:

◆ 吹洗过程中,应注意将烧杯底部高高翘起,吹洗动作自上而下

◆ 最后用撕下来保存好的滤纸角擦拭玻璃棒上的沉淀,再放入漏斗中

◆ 仔细检查烧杯内壁、玻璃棒是否干净,若有沾附在烧杯壁的沉淀应用定量滤纸擦尽

(4)蒸馏水洗涤:再对滤纸进行洗涤(除去沉淀表面吸附的杂质和残留的母液)

用洗瓶由滤纸边缘稍下一些地方螺旋形由上向下移动冲洗沉淀,至蒸馏水充满滤纸锥体的一半(见右图)。这样可使沉淀洗得干净且将沉淀集中到滤纸锥体的底部,便于滤纸的折卷

注意:

◆ 不能将洗涤液直接冲到滤纸中央沉淀上,以免沉淀外溅

◆ 每次洗液流尽后再进行第二次洗涤

◆ 三层滤纸的一侧不易洗净,注意多洗涤几次。检查沉淀是否洗净,至洗净为止。检查方法同(2)

(5)沉淀的包裹

① 晶形沉淀:用下端细而圆的玻璃棒从滤纸的三层处小心将滤纸从漏斗壁上拨开,用洗净的手把滤纸和沉淀取出,折卷成小包,把沉淀包卷在里面。步骤如下:滤纸对着成半圆形;自右端约 1/3 半径处向左折起;由上边向下折,再自右向左卷起(见右图)

② 非晶形沉淀:用玻璃棒把滤纸边缘挑起,向中间折叠,将沉淀全部覆盖住

注意:

包裹沉淀的滤纸包小心取出,放入已恒重的瓷坩埚中,使三层滤纸部向上,方便滤纸的炭化和灰化

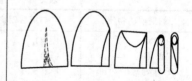

### 5. 烘干、灰化和灼烧 （见表 3-7）

表 3-7　烘干、灰化和灼烧

| 操作项目 | 烘　干 | 灰　化 | 灼　烧 |
|---|---|---|---|
| 目的 | 除去沉淀中的水分,以免在灼烧沉淀时因冷热不均而使坩埚破裂 | 烧去滤纸,继续除去沉淀沾有的洗涤液 | 将沉淀转变为符合要求的称量形式(见表 3-8) |
| 使用温度 | $<250℃$ | | $250～1200℃$ |
| 使用仪器 | 电炉 | | 高温电炉 |

| 操作项目 | 烘 干 | 灰 化 | 灼 烧 |
|---|---|---|---|

(1)烘干:将坩埚直立放在电炉上(见右图),坩埚盖半掩于坩埚上,使滤纸和沉淀慢慢干燥。继续加热,使滤纸炭化

注意:

◆ 烘干温度不能太高,否则水暴沸时会使沉淀损失,而且瓷坩埚遇水易炸裂

◆ 烘干和炭化过程必须防止滤纸着火,否则会使沉淀飞散而损失

◆ 若已着火,应立即将坩埚盖盖上,让火焰自行熄灭,绝不允许用嘴吹灭

(2)灰化:滤纸不再冒烟时表面已炭化完全,逐渐增高温度,并用坩埚钳不断转动坩埚,使滤纸灰化,将碳素完全燃烧成二氧化碳而除去。滤纸灰化完全时应不再呈黑色

(3)灼烧:滤纸灰化后,将坩埚放在高温电炉中(见右图)在指定温度下灼烧,一般第一次灼烧时间为30～45min,以后每次灼烧15～20min直至恒重。根据沉淀性质作具体处理一些沉淀灼烧要求的温度和时间见表3-8

注意:

◆ 恒重,即连续两次灼烧后质量之差不超过0.2mg

◆ 灼烧时,要保持坩埚的清洁,最好在坩埚外套一50mL的洁净坩埚,以免在灼烧过程中沾附灰尘使质量增加

表3-8 一些沉淀灼烧要求的温度和时间

| 灼烧前的物质 | 灼烧后的物质 | 灼烧温度/℃ | 灼烧时间/min |
|---|---|---|---|
| $BaSO_4$ | $BaSO_4$ | 800～900 | 10～20 |
| $CaC_2O_4$ | $CaO$ | 600 | 灼烧至恒重 |
| $Fe(OH)_3$ | $Fe_2O_3$ | 800～1000 | 10～15 |
| $MgNH_4PO_4$ | $Mg_2P_2O_7$ | 1000～1100 | 20～25 |
| $SiO_2 \cdot nH_2O$ | $SiO_2$ | 1000～1200 | 20～30 |

6. 冷却和称量 (见表3-9)

表3-9 冷却和称量

(1)沉淀灼烧好后,坩埚不能直接放入干燥器内冷却取出移到石棉网上,冷却到红热消退时,再移入干燥器中

（2）沉淀冷却至室温后称量，然后再灼烧、冷却、称量，直至恒重。

注意：

◆ 每次放入干燥器冷却的条件和时间一致

◆ 使用同一台电子天平迅速称量，以减小误差

### （三）实验数据记录和分析结果计算（见表 3-10）

表 3-10　实验数据记录和分析结果计算

| 高温炉型号 | | 高温炉编号 | | 灼烧温度 | |
|---|---|---|---|---|---|
| 天平型号 | | 天平编号 | | 天平室室温 | |
| 相对湿度 | | 日期 | | 试验人 | |

| 项　目 | | 1 | 2 |
|---|---|---|---|
| 称量试样量 $m_s$/g | | 0.4311 | 0.4763 |
| 空坩埚<br>$m_1$ | 第一次/g | 29.8280 | 28.0507 |
| | 第二次/g | 29.8278 | 28.0506 |
| | 恒重/g | 0.0002 | 0.0001 |
| 硫酸钡＋坩埚<br>$m_2$ | 第一次/g | 30.2260 | 28.4897 |
| | 第二次/g | 30.2261 | 28.4898 |
| | 恒重/g | 0.0001 | 0.0001 |
| 试样量/g | | 0.3983 | 0.4392 |
| $w(BaCl_2 \cdot 2H_2O)$/% | | 96.70 | 96.51 |
| 平均值/% | | 96.60 | |
| 相对平均偏差/% | | 0.098 | |
| 相对误差/% | | 0.14 | |

$$w(BaCl_2 \cdot 2H_2O) = \frac{(m_2 - m_1) \times \dfrac{M(BaCl_2 \cdot 2H_2O)}{M(BaSO_4)}}{m_s} \times 100\%$$

式中　$m_1$——灼烧至恒重后空坩埚的质量，g；

$m_2$——灼烧至恒重后坩埚和 $BaSO_4$ 的质量，g；

$m_s$——试样的质量，g；

$M(BaCl_2 \cdot 2H_2O)$——$BaCl_2 \cdot 2H_2O$ 的摩尔质量，g/mol；

$M(BaSO_4)$——$BaSO_4$ 的摩尔质量，g/mol。

## 五、 任务训练

### 实验七 氯化钡含量的测定

#### (一) 实验目的

1. 掌握沉淀重量法测定钡离子含量的基本原理、操作方法和计算。

2. 熟练掌握晶形沉淀的沉淀条件。

3. 掌握沉淀、过滤、洗涤、烘干、灰化、灼烧及称量等称量分析基本操作技术。

#### (二) 实验原理

钡离子可生成一系列微溶化合物，如 $BaCO_3$、$BaC_2O_4$、$BaCrO_4$、$BaHPO_4$、$BaSO_4$ 等，其中 $BaSO_4$ 溶解度最小，100mL 水中 100℃时溶解 0.4mg，25℃时仅溶解 0.25mg。$BaSO_4$ 的化学组成稳定，符合重量分析对沉淀的要求，所以通常以生成 $BaSO_4$ 来测定钡离子的含量，也可用于测定硫酸根离子的含量。

$BaSO_4$ 是典型的晶形沉淀，在最初形成时是细小的结晶，过滤时易穿透滤纸。因此，为了得到比较纯净而粗大的晶形沉淀，应按照晶形沉淀的沉淀条件进行操作。

称取一定量 $BaCl_2 \cdot 2H_2O$ 试样，加水溶解，稀释，加稀 HCl 溶液酸化，加热至微沸，在不断搅动的条件下，慢慢地加入热的稀 $H_2SO_4$ 溶液，钡离子与硫酸根离子反应，形成 $BaSO_4$ 晶形沉淀。沉淀经陈化、过滤、洗涤、定量转入坩埚中烘干、炭化、灰化、灼烧后冷却，以 $BaSO_4$ 形式称量。可求出 $BaCl_2 \cdot 2H_2O$ 中氯化钡的含量。

用硫酸钡重量法测定钡离子时，一般在 0.05mol/L 左右的盐酸介质中，用稀 $H_2SO_4$ 作沉淀剂进行沉淀，为了使硫酸钡沉淀完全，硫酸必须过量。而且硫酸在高温下可挥发除去，故混入沉淀中的硫酸不会引起误差，因此沉淀剂可过量 50%～100%。但盐酸、硫酸加入量不可过量太多，这是为了防止 $BaSO_4$ 在过高酸性溶液中分解生成 $Ba^{2+}$ 和 $SO_4^{2-}$。但是如果用硫酸钡重量法测定硫酸根离子，沉淀剂氯化钡至多允许过量 20%～30%，因为氯化钡灼烧时不易挥发除去。

本实验的干扰有以下几方面。

$PbSO_4$、$SrSO_4$ 的溶解度均较小，$Pb^{2+}$、$Sr^{2+}$ 对氯化钡的测定有干扰；$K^+$、$Ca^{2+}$、$Fe^{3+}$ 等阳离子常以硫酸盐或硫酸氢盐的形式共沉淀，其中以铁离子共沉淀现象最显著。$NO_3^-$、$ClO_3^-$、$Cl^-$ 等阴离子常以钡盐的形式共沉淀。$NO_3^-$、$ClO_3^-$、$Cl^-$ 干扰的消除方法为：在沉淀钡离子前，加酸蒸发以除去 $NO_3^-$ 和 $ClO_3^-$。

可通过洗涤除去氯离子，用极稀的硫酸沉淀剂为洗涤液，洗至无氯离子为止。最后用 1% 的 $NH_4NO_3$ 溶液洗涤 1～2 次以洗去滤纸上附着的酸，使滤纸在烘干时不致炭化，而在滤纸灰化时又促进氧化。

## （三）仪器和试剂

1. 仪器：烧杯 100mL、250mL、400mL 各两个；表面皿 9cm 两个；量筒 10mL、100mL 各一个；玻璃棒两支；滴管两支；长颈漏斗两个；漏斗架一个；瓷坩埚 25mL 两个；坩埚钳一把；干燥器；电炉；高温炉；定量滤纸慢速等。

2. 试剂：$BaCl_2 \cdot 2H_2O$ 试样；2mol/L HCl；1mol/L $H_2SO_4$；2mol/L $HNO_3$；0.1mol/L $AgNO_3$；10g/L $NH_4NO_3$。

## （四）操作步骤

1. 称样及溶解。准确称取两份 0.4～0.6g 的 $BaCl_2 \cdot 2H_2O$ 固体试样，分别置于 250mL 洁净烧杯中，各加入 100mL 水、3mL HCl 溶液，搅拌溶解，盖上表面皿，加热近沸。

2. 沉淀和陈化。另取 4mL1mol/L 的 $H_2SO_4$ 溶液两份放在两个 100mL 烧杯中，加入 30mL 水，加热至近沸。取下烧杯，用蒸馏水冲洗表面皿。趁热将两份 $H_2SO_4$ 溶液分别用小滴管逐滴加入到两份热的氯化钡溶液中，并用玻璃棒不断搅拌，搅拌时不要碰烧杯底及内壁，以免划破烧杯，且使沉淀沾附在烧杯壁上。直至两份 $H_2SO_4$ 溶液加完为止，用洗瓶冲洗玻璃棒和烧杯上下边缘使沉淀冲下去。盖好表面皿，静置数分钟。

待 $BaSO_4$ 沉淀下沉后，于上层清液中加入 1～2 滴 0.1mol/L 的 $H_2SO_4$ 溶液，仔细观察沉淀是否完全后，盖上表面皿，放置过夜陈化。也可将沉淀放在水浴或砂浴上，保温 40min 陈化，其间要不时搅拌。

3. 空坩埚的灼烧和恒重。将两只洁净干燥的瓷坩埚放在（850±20）℃的恒温高温炉中灼烧至恒重。第一次灼烧 40min，第二次后每次灼烧 20min。

4. 沉淀的过滤和洗涤。

（1）安装过滤器过滤时选用慢速定量滤纸，折叠好放入长颈漏斗中，做水柱，将漏斗放在漏斗架上，漏斗下放一洁净的 400mL 烧杯承接滤液，漏斗颈斜边长的一侧贴靠烧杯壁。

（2）倾泻法过滤和洗涤配制 300～400mL 稀 $H_2SO_4$ 洗涤液，装入洗瓶中。勿将陈化好的沉淀搅起，先将上层清液分数次倾在滤纸上，再用倾泻法洗涤 3～4 次，每次约 10～15mL。然后将沉淀定量转移到滤纸上，用洗瓶吹洗烧杯壁上附着的沉淀至漏斗中，用撕下来的滤纸角擦拭玻璃棒和烧杯，拨入漏斗中。

再用稀 $H_2SO_4$ 溶液洗涤 4～6 次，使沉淀集中到滤纸锥体的底部。洗涤直至滤液中不含氯离子为止（用 $AgNO_3$ 作检验）。再用 1％的 $NH_4NO_3$ 溶液洗涤1～2 次，以除去残留的 $H_2SO_4$。

5. 沉淀的灼烧和称量。将折叠好的沉淀滤纸包置于已恒重的瓷坩埚中，先在电炉上烘干和炭化，提高温度灰化后，再于（850±20）℃的高温炉中灼烧 20min，取出稍冷，放入干燥器中冷却至室温，称量。再灼烧 15min，冷却，称量，反复操作直至恒重。

**（五）实验记录和分析结果处理（见表 3-11）**

表 3-11　实验记录和分析结果处理

| 高温炉型号 | | 高温炉编号 | | 灼烧温度 | |
| --- | --- | --- | --- | --- | --- |
| 天平型号 | | 天平编号 | | 天平室室温 | |
| 相对湿度 | | 日期 | | 试验人 | |

| 项目 | | 1 | 2 |
| --- | --- | --- | --- |
| 称量试样量 $m_s$/g | | | |
| 空坩埚<br>$m_1$ | 第一次/g | | |
| | 第二次/g | | |
| | 恒重/g | | |
| 硫酸钡＋坩埚<br>$m_2$ | 第一次/g | | |
| | 第二次/g | | |
| | 恒重/g | | |
| 试样量/g | | | |
| $w(BaCl_2 \cdot 2H_2O)$/% | | | |
| 平均值 | | | |
| 相对平均偏差/% | | | |
| 相对误差/% | | | |

## 六、任务评价

**（一）想想做做**

1. 为什么要在热溶液中沉淀硫酸钡，但要在冷却后过滤？

2. 什么叫沉淀的陈化？晶形沉淀为什么要陈化？

3. 什么叫倾泻法过滤？倾泻法过滤和洗涤有哪些优点？

4. 如何选择洗涤液？洗涤沉淀时，为什么用洗涤液或蒸馏水时要少量多次？

5. 恒重的标志是什么？在本实验中采取哪些方法做到恒重？

**（二）练练考考**

考核见表 3-12。

表 3-12　考核

| 高温炉型号 | | 高温炉编号 | | 灼烧温度 | |
| --- | --- | --- | --- | --- | --- |
| 天平型号 | | 天平编号 | | 天平室室温 | |
| 相对湿度 | | 日期 | | 考核人 | |

| 考核内容 | 分值 | 考核记录 | 扣分说明 | 扣分标准 | 扣分 |
| --- | --- | --- | --- | --- | --- |
| 玻璃仪器的洗涤 | 1 | 正确 | | 0 | |
| | | 不正确 | | 1/次 | |

| 考核内容 | 分值 | 考核记录 | | 扣分说明 | 扣分标准 | 扣分 |
|---|---|---|---|---|---|---|
| 试样的称量 | 5 | 正确 | | | 0 | |
| | | 不正确 | | | 1/次 | |
| 干燥器的使用 | 2 | 正确 | | | 0 | |
| | | 不正确 | | | 1/次 | |
| 试样的溶解 | 2 | 正确 | | | 0 | |
| | | 不正确 | | | 1/次 | |
| 沉淀 | 5 | 正确 | | | 0 | |
| | | 不准确 | | | 1/次 | |
| 过滤 | 5 | 正确 | | | 0 | |
| | | 不正确 | | | 1/次 | |
| 洗涤 | 5 | 正确 | | | 0 | |
| | | 不正确 | | | 1/次 | |
| 烘干 | 5 | 正确 | | | 0 | |
| | | 不正确 | | | 2/次 | |
| 灰化 | 5 | 正确 | | | 0 | |
| | | 不正确 | | | 1/次 | |
| 灼烧 | 5 | 正确 | | | 0 | |
| | | 不正确 | | | 1/次 | |
| 称量 | 5 | 正确 | | | 0 | |
| | | 不正确 | | | 1/次 | |
| 实验数据的记录与处理 | 5 | 正确 | | | 0 | |
| | | 不正确 | | | 1/次 | |
| 分析结果评价（相对平均偏差） | 20 | 相对平均偏差≤0.20 | | | 0 | |
| | | 0.20＜相对平均偏差≤0.40 | | | 5 | |
| | | 0.40＜相对平均偏差≤0.60 | | | 10 | |
| | | 0.60＜相对平均偏差≤0.80 | | | 15 | |
| | | 相对平均偏差＞0.80 | | | 20 | |

| 考核内容 | 分值 | 考核记录 | | 扣分说明 | 扣分标准 | 扣分 |
|---|---|---|---|---|---|---|
| 分析结果评价（相对误差） | 20 | 相对误差≤0.20 | | | 0 | |
| | | 0.20<相对误差≤0.40 | | | 5 | |
| | | 0.40<相对误差≤0.60 | | | 10 | |
| | | 0.60<相对误差≤0.80 | | | 15 | |
| | | 相对误差>0.80 | | | 20 | |
| 实验过程台面 | 5 | 整洁有序 | | | 0 | |
| | | 脏乱 | | | 1/次 | |
| 实验后试剂、仪器放回原处 | 5 | 正确 | | | 0 | |
| | | 不正确 | | | 1/次 | |

# 模块四
# 酸（碱）标准滴定溶液的制备

## 任务一　酸标准滴定溶液的制备

### 一、 任务要求
正确、规范、熟练地制备酸标准滴定溶液。

### 二、 任务目标
1. 掌握酸标准溶液的配制和标定方法。
2. 能正确使用甲基橙判断滴定终点。
3. 掌握正确规范的实验数据记录及处理的方法。

### 三、 任务描述
酸标准滴定溶液制备的任务描述见图 4-1。

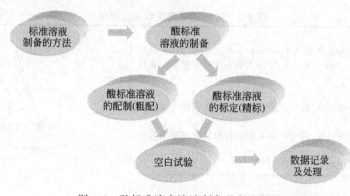

图 4-1　酸标准滴定溶液制备的任务描述

## 四、 任务分析

### （一）制备标准滴定溶液的方法

1. 直接法（见表4-1）

**表4-1 直接法制备标准滴定溶液**

| | |
|---|---|
| (1)直接法制备标准滴定溶液的要求 | ① 纯度足够高。纯度＞99.9%，杂质含量应低于分析方法允许的误差限<br>② 组成与化学式应完全符合。若含结晶水，其含量应与化学式相符合<br>③ 性质稳定，不易吸收空气中的水分、二氧化碳、不易被空气氧化<br>④ 具有较大的摩尔质量<br>⑤ 参加反应时，按确定的计量关系进行，没有副反应 |
| (2)制备方法 | ① 用分析天平,准确称取标准物质质量于烧杯中<br>② 加蒸馏水溶解<br>③ 转移至容量瓶,定容<br>④ 根据称量质量及容量瓶体积,计算标准滴定溶液浓度 |

2. 间接法（见表4-2）

**表4-2 间接法制备标准滴定溶液**

| 不能用直接法制备标准滴定溶液的,可用间接法制备 | |
|---|---|
| 制备方法 | ① 配制所需近似浓度的溶液(粗配)<br>② 用标准物质或另一种标准滴定溶液来进行标定(精标) |

### （二）酸标准滴定溶液的制备

酸标准溶液常用的有 $HCl$、$H_2SO_4$ 标准溶液，制备酸标准溶液一般用间接法，即先粗配标准滴定溶液，再对其进行精确标定。本教材主要介绍盐酸标准滴定溶液的制备。

1. 盐酸标准滴定溶液的配制

配制 $500mL$ $c(HCl)$ ＝$0.1mol/L$ 盐酸标准滴定溶液的步骤见表4-3。

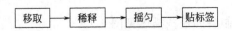

**表4-3 盐酸标准滴定溶液的配制**

| |
|---|
| (1)移取<br>用 100mL 量筒量取蒸馏水 300mL 于 500mL 烧杯中,再用 10mL 量筒量取 9mL 6 mol/L 的 HCl 倒入加有蒸馏水的烧杯中(见右图)<br>注意:<br>◆ 配制酸溶液时,应将酸溶液在玻璃棒不断搅拌下沿烧杯壁缓缓注入水中<br>◆ 盐酸具有挥发性,因此配制时所取盐酸的量应适当多于计算量,可移取 9mL<br>◆ 该操作应在通风橱中进行 |
| (2)稀释<br>用量筒量取蒸馏水稀释至 500mL |

| | |
|---|---|
| (3)摇匀<br>将烧杯中的溶液用玻棒引流,转移至试剂瓶中,盖好瓶塞,摇匀(见右图) |  |
| (4)贴标签<br>试剂名称、溶液浓度(待标)、配制日期、配制者姓名 | |

## 2. 盐酸标准滴定溶液的标定（见表4-4）

标准物质的称量 ➝ 滴定管的准备 ➝ 滴定操作 ➝ 滴定管的度数

**表 4-4　盐酸标准滴定溶液的标定**

| | |
|---|---|
| (1)标准物质的称量<br>使用分析天平,采用减量法准确称取已于270～300℃烘干至恒重的基准碳酸钠0.15～0.20g,放入250mL锥形瓶中,加入约25mL蒸馏水使其溶解(见右图)<br>注意:<br>根据原始数据记录要求,及时准确将称量初读数与终读数记录在原始数据记录表格中 | 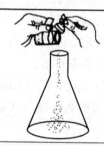 |
| (2)滴定管的准备(参见模块二滴定管的准备)<br>① 涂油<br>② 试漏<br>③ 洗涤<br>④ 标准溶液润洗<br>⑤ 装溶液<br>⑥ 赶气泡<br>⑦ 调零<br>注意:用配制好的酸标准溶液润洗滴定管三次,每次润洗前必须将前一次的溶液全部放完 | 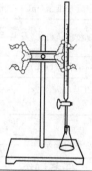 |
| (3)滴定操作<br>① 加甲基橙指示剂1滴<br>甲基橙:红色 ⟷ 橙色 ➝ 黄色<br>pH:　　3.1　　4　　4.4<br>② 滴定开始前用洁净小烧杯内壁轻碰滴定管尖端,把悬在滴定管尖端的液滴除去<br>③ 酸式滴定管的操作:一手的无名指和小指的手心弯曲,轻轻地贴着出口管,用其余的三指控制活塞的转动(见右图)<br>④ 锥形瓶的操作:另一手前三指拿住瓶颈,其余两指辅助在下侧。滴加溶液时运用腕力做圆周运动,使溶液混合均匀,充分反应(见右图)<br>⑤ 滴定终点把握:由黄色变为橙红色(临近滴定终点时,可将溶液煮沸除去$CO_2$,冷却后继续滴定)<br>反应方程式:<br>$Na_2CO_3 + 2HCl \longrightarrow 2NaCl + H_2O + CO_2\uparrow$<br>注意:滴定开始时可以每秒2～3滴进行滴定,接近滴定终点时,要能控制1滴或半滴到达滴定终点 |  |

| | |
|---|---|
| (4)滴定管的读数<br><br>滴定管从滴定管架上取下,用一手大拇指和食指捏住滴定管上部无刻度处,其他手指从旁辅助,使滴定管保持垂直,读数时,应读弯月面下缘实线的最低点相切,且在同一水平。记录消耗 HCl 溶液的体积 | 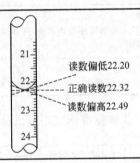<br>读数偏低22.20<br>正确读数22.32<br>读数偏高22.49 |

### 3. 空白试验

空白试验是指在不加试样的情况下,按照试样分析同样的操作条件进行试验,所测定的结果即空白值($V_0$)。从试样的测定值中扣除空白值,从而得到更给准确的测定结果。

空白试验主要用来消除由试剂,蒸馏水,试验器皿所引起的系统误差。

### 4. 实验数据处理（见表4-5）

**表 4-5　实验数据处理**

| |
|---|
| (1)滴定管校准值(mL):查滴定管校准曲线 |
| (2)温度校准值(mL)=$\dfrac{\text{滴定管消耗数}+\text{滴定管校准值}}{1000}\times(\text{温度校准系数})$ |
| (3)实际消耗数(mL)=滴定管消耗数+滴定管校准值+温度校准值 |
| (4)$c(\text{HCl})(\text{mol/L})=\dfrac{m}{\dfrac{1}{2}\times105.99\times(V_\text{实}-V_0)\times10^{-3}}$ |
| (5)相对平均偏差=$\dfrac{\sum\limits_{i=1}^{n}\lvert x_i-\overline{x}\rvert}{n\overline{x}}\times100\%(i=1,2,\cdots,n)$ |

## 五、 任务训练

### 实验八　盐酸标准滴定溶液的制备

**(一) 实验目的**

1. 掌握 HCl 标准溶液的配制和标定的方法。

2. 能正确使用甲基橙判断滴定终点。

3. 掌握正确规范的实验数据记录及处理的方法。

**(二) 仪器和试剂**

$Na_2CO_3$ 基准试剂、甲基橙指示液、6.0 mol/L HCl、电子天平、100mL 量筒、10mL 量筒、500mL 试剂瓶、烧杯、玻璃棒、酸式滴定管、3 个锥形瓶等。

**(三) 操作步骤**

1. 粗配：$c(\text{HCl})=0.1\text{mol/L}$ 的 HCl 溶液 500mL

用 100mL 量筒量取蒸馏水 200mL 于 500mL 烧杯中，再用 10mL 量筒量取 9.0mL 6 mol/L HCl 并倒入 500mL 烧杯中稀释至 500mL，转移入试剂瓶中，摇匀，贴上标签。

2. $c(HCl)＝0.1mol/L$ 的 HCl 溶液的标定

（1）基准物的称量：用减量法准确称取已于 270～300℃烘干至恒重的基准碳酸钠 0.15～0.20g，放入 250mL 锥形瓶中，加入约 25mL 蒸馏水使其溶解。

（2）滴定：加入甲基橙指示液 1 滴，用盐酸标准溶液滴至溶液呈橙红色即为终点。临近滴定终点时，可将溶液煮沸除去 $CO_2$，冷却后继续滴定。记录滴定消耗的盐酸标准溶液的体积 $V$。

3. 空白试验

**（四）分析数据记录和处理**

盐酸标准滴定溶液的标定见表 4-6。

$$c(HCl)(mol/L)=\frac{m}{\frac{1}{2}\times105.99\times(V_{实}-V_0)\times10^{-3}}$$

**表 4-6　盐酸标准滴定溶液的标定**

| 滴定管编号 | | | 天平编号 | | | 日期 | |
|---|---|---|---|---|---|---|---|
| 室温/℃ | | 水温/℃ | | | 相对湿度 | 试验人 | |

| 项目 | | 1 | 2 | 3 | 4 |
|---|---|---|---|---|---|
| 称量标准物质碳酸钠/g | 初读数 | | | | |
| | 终读数 | | | | |
| | 质量 $m$ | | | | |
| 标定 HCl 溶液/mL | 初读数 | | | | |
| | 终读数 | | | | |
| | 体积 $V$ | | | | |
| 空白值 $V_0$/mL | | | | | |
| 滴定管校正值/mL | | | | | |
| 温度校正值/mL | | | | | |
| 实际消耗数/mL | | | | | |
| $c(HCl)/(mol/L)$ | | | | | |
| $\overline{c}(HCl)/(mol/L)$ | | | | | |
| 相对平均偏差/% | | | | | |

## 六、任务评价

**（一）想想做做**

1. HCl 标准溶液的制备方法是什么？

2. 配制 0.1mol/L HCl 溶液 1000mL，应量取浓度为 3mol/L 的浓盐酸多少体积？

3. 标定盐酸溶液的基准物是什么？

4. 在盐酸溶液标定中，甲基橙的颜色变化如何？

5. 临近终点时，为什么要将溶液煮沸？

**(二) 练练考考**

考核见表 4-7。

表 4-7 考核

| 考核内容 | | 分值 | 考核记录 | | 扣分说明 | 扣分标准 | 扣分 |
|---|---|---|---|---|---|---|---|
| 天平称量操作 (25分) | 调节天平水平 | 2 | 正确 | | | 0 | |
| | | | 不正确 | | | 2 | |
| | 打扫秤盘 | 2 | 打扫 | | | 0 | |
| | | | 未打扫 | | | 2 | |
| | 开启显示器调零点 | 1 | 预热 | | | 0 | |
| | | | 未预热 | | | 1 | |
| | 干燥器的使用 | 1 | 正确 | | | 0 | |
| | | | 不正确 | | | 1 | |
| | 用手直接拿取称量瓶 | 2 | 正确 | | | 0 | |
| | | | 不正确 | | | 1/次 | |
| | 称量瓶放在桌子台面上或纸上 | 2 | 正确 | | | 0 | |
| | | | 不正确 | | | 1/次 | |
| 天平称量操作 (25分) | 称量时不关门，或开关门太重造成天平移动 | 2 | 正确 | | | 0 | |
| | | | 不正确 | | | 1/次 | |
| | 称量物品洒落在天平内或工作台上 | 2 | 正确 | | | 0 | |
| | | | 不正确 | | | 1/次 | |
| | 称量数据不及时记录 | 3 | 正确 | | | 0 | |
| | | | 不正确 | | | 1/次 | |
| | 称量完成,物品留在天平内或放在工作台 | 2 | 正确 | | | 0 | |
| | | | 不正确 | | | 2 | |
| | 超出称量范围 | 6 | | | | 2/次 | |
| 样品重称(5/次) | | | | | | | |
| 滴定管的操作 (30分) | 检漏 | 2 | 正确 | | | 0 | |
| | | | 不正确 | | | 2 | |
| | 洗涤 | 2 | 挂液 | | | 0 | |
| | | | 不挂液 | | | 1/次 | |

| 考核内容 | | 分值 | 考核记录 | | 扣分说明 | 扣分标准 | 扣分 |
|---|---|---|---|---|---|---|---|
| 滴定管的操作（30分） | 同一种溶液润洗三次 | 2 | 正确 | | | 0 | |
| | | | 不正确 | | | 2 | |
| | 气泡 | 2 | 正确 | | | 0 | |
| | | | 不正确 | | | 1/次 | |
| | 滴定前管尖残液 | 2 | 碰去 | | | 0 | |
| | | | 未碰去 | | | 1/次 | |
| | 滴定操作 | 4 | 正确 | | | 0 | |
| | | | 不正确 | | | 1/次 | |
| | 滴定速度 | 2 | 碰去 | | | 0 | |
| | | | 未碰去 | | | 1/次 | |
| | 滴定终点颜色 | 6 | 正确 | | | 0 | |
| | | | 不正确 | | | 2/次 | |
| | 滴定管读数前的静置 | 2 | 正确 | | | 0 | |
| | | | 不正确 | | | 1/次 | |
| | 滴定管的读数 | 6 | 正确 | | | 0 | |
| | | | 不正确 | | | 2/次 | |
| 样品重做（5/次） | | | | | | | |
| 结束工作（5分） | 实验过程台面 | 2 | 整洁有序 | | | 0 | |
| | | | 脏乱 | | | 2 | |
| | 考核结束整理工作 | 3 | 打扫 | | | 0 | |
| | | | 未打扫 | | | 3 | |
| 仪器损坏（2/次） | | | | | | | |
| 划横杠线改（1/次） | | | | | | | |
| 相对平均偏差（10分） | | | 0 | 相对平均偏差≤0.2% | | | |
| | | | 2 | 相对平均偏差≤0.3% | | | |
| | | | 4 | 相对平均偏差≤0.4% | | | |
| | | | 6 | 相对平均偏差≤0.5% | | | |
| | | | 8 | 相对平均偏差≤0.6% | | | |
| | | | 10 | 相对平均偏差＞0.6% | | | |
| 相对误差（30分） | | | 0 | 相对误差≤0.3% | | | |
| | | | 5 | 相对误差≤0.4% | | | |
| | | | 10 | 相对误差≤0.5% | | | |
| | | | 15 | 相对误差≤0.6% | | | |
| | | | 20 | 相对误差≤0.7% | | | |
| | | | 25 | 相对误差≤0.8% | | | |
| | | | 30 | 相对误差＞0.8% | | | |

## 一、任务要求

正确、规范、熟练地制备碱标准滴定溶液。

## 二、任务目标

1. 掌握碱标准溶液的配制和标定方法。

2. 能正确使用酚酞判断滴定终点。

3. 掌握正确规范的实验数据记录及处理的方法。

## 三、任务描述

碱标准滴定溶液制备的任务描述见图 4-2。

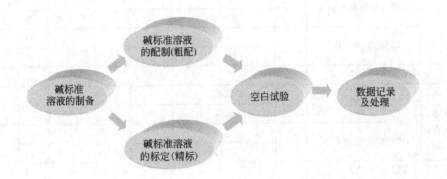

图 4-2　碱标准滴定溶液制备的任务描述

## 四、任务分析

碱标准滴定溶液的制备如下。

碱标准溶液常用的有 NaOH 标准溶液,由于 NaOH 溶液具有很强的吸湿性,易吸收空气中的水分和二氧化碳,因此制备 NaOH 标准溶液需采用间接法,即先粗配标准滴定溶液,再对其进行精确标定。

1. 氢氧化钠标准滴定溶液的配制

配制 500mL $c$(NaOH) = 0.1mol/L 氢氧化钠标准滴定溶液的步骤见表 4-8。

表 4-8　氢氧化钠标准滴定溶液的配制

| | |
|---|---|
| (1)称量<br>在托盘天平上用表面皿称取 2.2～2.5g 固体 NaOH 于小烧杯中(见右图)<br>注意：<br>◆ 托盘天平称量,左物右码<br>◆ 氢氧化钠易吸收空气中的水分和二氧化碳,因此配制时所称取氢氧化钠的量应适当多于计算量 | 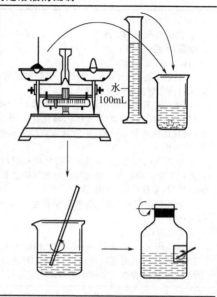 |
| (2)溶解<br>加适量水使其全部溶解 | |
| (3)稀释<br>用量筒量取蒸馏水稀释至 500mL | |
| (4)摇匀<br>用玻璃棒引流,转移至聚乙烯试剂瓶中,盖上盖子。摇匀 | |
| (5)贴标签<br>试剂名称、溶液浓度(待标)、配制日期、配制者姓名 | |

2. 氢氧化钠标准滴定溶液的标定见表4-9。

标准物质的称量 ➡ 滴定管的准备 ➡ 滴定操作 ➡ 滴定管的读数

表 4-9　氢氧化钠标准滴定溶液的标定

| | |
|---|---|
| (1)标准物质的称量<br>使用分析天平,采用减量法准确称取邻苯二甲酸氢钾标准物质 0.4～0.6g,放入 250mL 锥形瓶中,加入约 50mL 蒸馏水使其溶解(见右图)<br>注意:根据原始数据记录要求,及时准确地将称量初读数与终读数记录在原始数据记录表格中 |  |
| (2)滴定管的准备(参见模块二滴定管的准备)<br>① 试漏<br>② 洗涤<br>③ 标准溶液润洗<br>④ 装溶液<br>⑤ 赶气泡<br>⑥ 调零<br>注意:用配制好的标准溶液润洗滴定管 3 次,每次润洗前必须将前一次的溶液全部放完 |  |

(3)滴定操作

① 加酚酞指示剂 2 滴

酚酞:无色 ←→ 红色

pH: 8    10

② 滴定开始前用洁净小烧杯内壁轻碰滴定管尖端,把悬在滴定管尖端的液滴除去

③ 碱式滴定管的操作:一手无名指及小指夹住出口管,拇指与食指在玻璃珠所在的部位往一旁捏挤乳胶管,玻璃珠移至手心一侧,使溶液从玻璃珠旁边空隙处流出(见图 a)

④ 锥形瓶的操作:另一手前三指拿住瓶颈,其余两指辅助在下侧。滴加溶液时运用腕力做圆周运动,使溶液混合均匀,充分反应(见图 b)

⑤ 滴定终点把握:由无色变为微红色,30s 内不褪色即为终点

反应方程式:

$$KHC_8H_4O_4 + NaOH \longrightarrow KNaHC_8H_4O_4 + H_2O$$

注意:滴定开始时可以每秒 2~3 滴进行滴定,接近滴定终点时,要能控制 1 滴或半滴到达滴定终点

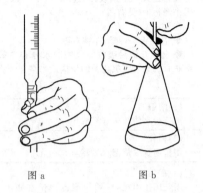

图 a        图 b

(4)滴定管的读数

滴定管从滴定管架上取下,用右手大拇指和食指捏住滴定管上部无刻度处,其他手指从旁辅助,使滴定管保持垂直,读数时,应读弯月面下缘实线的最低点相切,且在同一水平。记录消耗 NaOH 溶液的体积

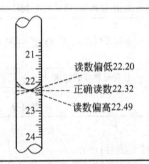

读数偏低22.20

正确读数22.32

读数偏高22.49

### 3. 空白试验

空白试验是指在不加试样的情况下,按照试样分析同样的操作条件进行试验,所测定的结果即空白值 ($V_0$)。从试样的测定值中扣除空白值,从而得到更加准确的测定结果。

空白试验主要用来消除由试剂、蒸馏水、试验器皿所引起的系统误差。

### 4. 实验数据处理(见表 4-10)。

表 4-10    实验数据处理

(1)滴校值(mL):查滴定管校正曲线。

(2)温校值(mL)$= \dfrac{\text{滴定管消耗数} + \text{滴定管校准值}}{1000} \times \text{温度校准系数}$

(3)实际消耗数(mL)=滴定管消耗数+滴定管校准值+温度校准值

(4)$c(NaOH)(mol/L) = \dfrac{m}{204.22 \times (V_{\text{实}} - V_0) \times 10^{-3}}$

(5)相对平均偏差$= \dfrac{\sum\limits_{i=1}^{n} |x_i - \bar{x}|}{n\bar{x}} \times 100\% \ (i = 1, 2, \cdots, n)$

## 五、 任务训练

### 实验九　氢氧化钠标准滴定溶液的制备

**（一）实验目的**

1. 掌握 NaOH 标准溶液的配制和标定的方法。

2. 能正确使用酚酞判断滴定终点。

3. 掌握正确规范的实验数据记录及处理的方法。

**（二）仪器和试剂**

邻苯二甲酸氢钾基准试剂、酚酞指示液、氢氧化钠、电子天平、100mL 量筒、500mL 试剂瓶、烧杯、玻璃棒、碱式滴定管、3 个锥形瓶等。

**（三）操作步骤**

1. 粗配：$c(NaOH)=0.1mol/L$ 的 NaOH 溶液 500mL。

称取 2.2～2.5g 固体 NaOH 于小烧杯中，加适量水溶解后，稀释至 500mL，转移至 500mL 试剂瓶中，摇匀，贴上标签。

2. $c(NaOH)=0.1mol/L$ 的 NaOH 溶液的标定。

（1）标准物质的称量：用减量法准确称取邻苯二甲酸氢钾标准物质 0.4g～0.6g，放入 250mL 锥形瓶中，加入约 50mL 蒸馏水使其溶解。

（2）滴定：加入酚酞 2 滴，用氢氧化钠标准溶液滴至溶液由无色至红色 30s 不退色即为终点。记录滴定消耗的氢氧化钠标准溶液的体积 $V$。

3. 空白试验。

**（四）分析数据记录和处理**

氢氧化钠标准滴定溶液的标定见表 4-11。

$$c(NaOH)(mol\ /L)=\frac{m}{204.22\times(V_实-V_0)\times10^{-3}}$$

表 4-11　氢氧化钠标准滴定溶液的标定

| 滴定管编号 | | 天平编号 | | | 日期 | |
|---|---|---|---|---|---|---|
| 室温/℃ | | 水温/℃ | | 相对湿度 | 试验人 | |

| 项目 | | 1 | 2 | 3 | 4 |
|---|---|---|---|---|---|
| 称量基准物<br>邻苯二甲酸<br>氢钾/g | 初读数 | | | | |
| | 终读数 | | | | |
| | 质量 $m$ | | | | |
| 标定 NaOH<br>溶液/mL | 初读数 | | | | |
| | 终读数 | | | | |
| | 体积 $V$ | | | | |

| | | | |
|---|---|---|---|
| 空白值 $V_0$/mL | | | |
| 滴定管校正值/mL | | | |
| 温度校正值/mL | | | |
| 实际消耗数/mL | | | |
| $c(NaOH)$/(mol/L) | | | |
| $\bar{c}(NaOH)$/(mol/L) | | | |
| 相对平均偏差/% | | | |

## 六、 任务评价

### （一）想想做做

1. NaOH 标准溶液的制备方法是什么？

2. 如何配制 0.1mol/L NaOH 溶液 1000mL？

3. 氢氧化钠应装在哪种滴定管中？存放 NaOH 溶液的试剂瓶能否用磨口瓶？为什么？

4. 标定氢氧化钠标准溶液的标准物质是什么？

5. 在氢氧化钠溶液标定中，酚酞的颜色变化如何？

### （二）练练考考

考核见表 4-12。

表 4-12　考核

| 考核内容 | | 分值 | 考核记录 | 扣分说明 | 扣分标准 | 扣分 |
|---|---|---|---|---|---|---|
| 天平称量操作（25分） | 调节天平水平 | 2 | 正确 | | 0 | |
| | | | 不正确 | | 2 | |
| | 打扫秤盘 | 2 | 打扫 | | 0 | |
| | | | 未打扫 | | 2 | |
| 天平称量操作（25分） | 开启显示器调零点 | 1 | 预热 | | 0 | |
| | | | 未预热 | | 1 | |
| | 干燥器的使用 | 1 | 正确 | | 0 | |
| | | | 不正确 | | 1 | |
| | 用手直接拿取称量瓶 | 2 | 正确 | | 0 | |
| | | | 不正确 | | 1/次 | |
| | 称量瓶放在桌子台面上或纸上 | 2 | 正确 | | 0 | |
| | | | 不正确 | | 1/次 | |
| | 称量时不关门，或开关门太重造成天平移动 | 2 | 正确 | | 0 | |
| | | | 不正确 | | 1/次 | |

| 考核内容 | | 分值 | 考核记录 | | 扣分说明 | 扣分标准 | 扣分 |
|---|---|---|---|---|---|---|---|
| 天平称量操作（25分） | 称量物品洒落在天平内或工作台上 | 2 | 正确 | | | 0 | |
| | | | 不正确 | | | 1/次 | |
| | 称量数据不及时记录 | 3 | 正确 | | | 0 | |
| | | | 不正确 | | | 1/次 | |
| | 称量完成,物品留在天平内或放在工作台 | 2 | 正确 | | | 0 | |
| | | | 不正确 | | | 2 | |
| | 超出称量范围 | 6 | | | | 2/次 | |
| | 样品重称(5/次) | | | | | | |
| 滴定管的操作（30分） | 检漏 | 2 | 正确 | | | 0 | |
| | | | 不正确 | | | 2 | |
| | 洗涤 | 2 | 挂液 | | | 0 | |
| | | | 不挂液 | | | 1/次 | |
| | 同一种溶液润洗三次 | 2 | 正确 | | | 0 | |
| | | | 不正确 | | | 2 | |
| | 气泡 | 2 | 正确 | | | 0 | |
| | | | 不正确 | | | 1/次 | |
| | 滴定前管尖残液 | 2 | 碰去 | | | 0 | |
| | | | 未碰去 | | | 1/次 | |
| | 滴定操作 | 4 | 正确 | | | 0 | |
| | | | 不正确 | | | 1/次 | |
| | 滴定速度 | 2 | 碰去 | | | 0 | |
| | | | 未碰去 | | | 1/次 | |
| 滴定管的操作（30分） | 滴定终点颜色 | 6 | 正确 | | | 0 | |
| | | | 不正确 | | | 2/次 | |
| | 滴定管读数前的静置 | 2 | 正确 | | | 0 | |
| | | | 不正确 | | | 1/次 | |
| | 滴定管的读数 | 6 | 正确 | | | 0 | |
| | | | 不正确 | | | 2/次 | |
| | 样品重做(5/次) | | | | | | |
| 结束工作（5分） | 实验过程台面 | 2 | 整洁有序 | | | 0 | |
| | | | 脏乱 | | | 2 | |
| | 考核结束整理工作 | 3 | 打扫 | | | 0 | |
| | | | 未打扫 | | | 3 | |

| 考 核 内 容 | 分值 | 考 核 记 录 | 扣分说明 | 扣分标准 | 扣分 |
|---|---|---|---|---|---|
| 仪器损坏(2/次) | | | | | |
| 划横杠线改(1/次) | | | | | |
| 相对平均偏差<br>(10分) | | 0 | 相对平均偏差≤0.2% | | |
| | | 2 | 相对平均偏差≤0.3% | | |
| | | 4 | 相对平均偏差≤0.4% | | |
| | | 6 | 相对平均偏差≤0.5% | | |
| | | 8 | 相对平均偏差≤0.6% | | |
| | | 10 | 相对平均偏差>0.6% | | |
| 相对误差<br>(30分) | | 0 | 相对误差≤0.3% | | |
| | | 5 | 相对误差≤0.4% | | |
| | | 10 | 相对误差≤0.5% | | |
| | | 15 | 相对误差≤0.6% | | |
| | | 20 | 相对误差≤0.7% | | |
| | | 25 | 相对误差≤0.8% | | |
| | | 30 | 相对误差>0.8% | | |

# 附　　录

## 附录一　不同标准溶液浓度的温度补正值

（1000mL 溶液由 $t$℃换算为 20℃时的校正值/mL）

| 温度<br>/℃ | 水和 0.05mol/L<br>以下的<br>各种水溶液 | 0.1mol/L 和<br>0.2mol/L<br>各种水溶液 | $c(HCl)=$<br>0.5mol/L | $c(HCl)=$<br>1mol/L | $c\left(\frac{1}{2}H_2SO_4\right)$<br>$=0.5mol/L$<br>$c(NaOH)=0.5mol/L$ | $c\left(\frac{1}{2}H_2SO_4\right)$<br>$=1mol/L$<br>$c(NaOH)=1mol/L$ |
|---|---|---|---|---|---|---|
| 5 | +1.38 | +1.7 | +1.9 | +2.3 | +2.4 | +3.6 |
| 6 | +1.38 | +1.7 | +1.9 | +2.2 | +2.3 | +3.4 |
| 7 | +1.36 | +1.6 | +1.8 | +2.2 | +2.2 | +3.2 |
| 8 | +1.33 | +1.6 | +1.8 | +2.1 | +2.2 | +3.0 |
| 9 | +1.29 | +1.5 | +1.7 | +2.0 | +2.1 | +2.7 |
| 10 | +1.23 | +1.5 | +1.6 | +1.9 | +2.0 | +2.5 |
| 11 | +1.17 | +1.4 | +1.5 | +1.8 | +1.8 | +2.3 |
| 12 | +1.10 | +1.3 | +1.4 | +1.6 | +1.7 | +2.0 |
| 13 | +0.99 | +1.1 | +1.2 | +1.4 | +1.5 | +1.8 |
| 14 | +0.88 | +1.0 | +1.1 | +1.2 | +1.3 | +1.6 |
| 15 | +0.77 | +0.9 | +0.9 | +1.0 | +1.1 | +1.3 |
| 16 | +0.64 | +0.7 | +0.8 | +0.8 | +0.9 | +1.1 |
| 17 | +0.50 | +0.6 | +0.6 | +0.6 | +0.7 | +0.8 |
| 18 | +0.34 | +0.4 | +0.4 | +0.4 | +0.5 | +0.6 |
| 19 | +0.18 | +0.2 | +0.2 | +0.2 | +0.2 | +0.3 |
| 20 | 0.00 | 0.0 | 0.0 | 0.0 | 0.0 | 0.0 |
| 21 | -0.18 | -0.2 | -0.2 | -0.2 | -0.2 | -0.3 |
| 22 | -0.38 | -0.4 | -0.4 | -0.5 | -0.5 | -0.6 |
| 23 | -0.58 | -0.6 | -0.7 | -0.7 | -0.8 | -0.9 |
| 24 | -0.80 | -0.9 | -0.9 | -1.0 | -1.0 | -1.2 |
| 25 | -1.03 | -1.1 | -1.1 | -1.2 | -1.3 | -1.5 |
| 26 | -1.26 | -1.4 | -1.4 | -1.4 | -1.5 | -1.8 |
| 27 | -1.51 | -1.7 | -1.7 | -1.7 | -1.8 | -2.1 |
| 28 | -1.76 | -2.0 | -2.0 | -2.0 | -2.1 | -2.4 |
| 29 | -2.01 | -2.3 | -2.3 | -2.3 | -2.4 | -2.8 |
| 30 | -2.30 | -2.5 | -2.5 | -2.6 | -2.8 | -3.2 |
| 31 | -2.58 | -2.7 | -2.7 | -2.9 | -3.1 | -3.5 |
| 32 | -2.86 | -3.0 | -3.0 | -3.2 | -3.4 | -3.9 |
| 33 | -3.04 | -3.2 | -3.3 | -3.5 | -3.7 | -4.2 |
| 34 | -3.47 | -3.7 | -3.6 | -3.8 | -4.1 | -4.6 |
| 35 | -3.78 | -4.0 | -4.0 | -4.1 | -4.4 | -5.0 |
| 36 | -4.10 | -4.3 | -4.3 | -4.4 | -4.7 | -5.3 |

注：1. 本表数值是以 20℃为标准温度以实测法测出。

2. 表中带有"+""-"号的数值是以 20℃为分界，室温低于 20℃的补正值为"+"，室温高于 20℃的补正值为"-"。

3. 本表的用法：如 1L $\left[c\left(\frac{1}{2}H_2SO_4\right)=1mol/L\right]$ 硫酸溶液由 25℃换算为 20℃时，其体积补正值为 -1.5mL，则在 20℃时的体积为 $V_{20}=1000-1.5=998.5$（mL）；若在 25℃时体积为 40mL，则换算为 20℃时的体积为 $V_{20}=(40-40\times1.5/1000)=39.94$（mL）。

## 附录二 常用基准物质的干燥条件和应用

| 基准物质 | | 干燥后组成 | 干燥条件/℃ | 标定对象 |
|---|---|---|---|---|
| 名称 | 分子式 | | | |
| 碳酸氢钠 | $NaHCO_3$ | $Na_2CO_3$ | $270\sim300$ | 酸 |
| 碳酸钠 | $Na_2CO_3 \cdot 10H_2O$ | $Na_2CO_3$ | $270\sim300$ | 酸 |
| 硼砂 | $Na_2B_4O_9 \cdot 10H_2O$ | $Na_2B_4O_7 \cdot 10H_2O$ | 放在含 NaCl 的蔗糖饱和液的干燥器中 | 酸 |
| 碳酸氢钠 | $KHCO_3$ | $K_2CO_3$ | $270\sim300$ | 酸 |
| 草酸 | $H_2C_2O_4 \cdot 2H_2O$ | $H_2C_2O_4 \cdot 2H_2O$ | 室温空气干燥 | 碱 |
| 邻苯二甲酸氢钾 | $KHC_8H_4O_4$ | $KHC_8H_4O_4$ | $110\sim120$ | 碱 |
| 重铬酸钾 | $K_2Cr_2O_7$ | $K_2Cr_2O_7$ | $140\sim150$ | 还原剂 |
| 溴酸钾 | $KBrO_3$ | $KBrO_3$ | 130 | 还原剂 |
| 碘酸钾 | $KIO_3$ | $KIO_3$ | 130 | 还原剂 |
| 铜 | $Cu$ | $Cu$ | 室温干燥器中保存 | 还原剂 |
| 三氧化二砷 | $As_2O_3$ | $As_2O_3$ | 室温干燥器中保存 | 氧化剂 |
| 草酸钠 | $Na_2C_2O_4$ | $Na_2C_2O_4$ | 130 | 氧化钠 |
| 碳酸钙 | $CaCO_3$ | $CaCO_3$ | 110 | EDTA |
| 锌 | $Zn$ | $Zn$ | 室温干燥器中保存 | EDTA |
| 氧化锌 | $ZnO$ | $ZnO$ | $900\sim1000$ | EDTA |
| 氯化钠 | $NaCl$ | $NaCl$ | $500\sim600$ | $AgNO_3$ |
| 氯化钾 | $KCl$ | $KCl$ | $500\sim600$ | $AgNO_3$ |
| 硝酸银 | $AgNO_3$ | $AgNO_3$ | $280\sim290$ | 氯化物 |

## 附录三 定性分析试剂的配制

### 一、酸溶液

| 名称 | 化学式 | 溶液浓度 $c/(mol/L)$ | 配制方法 |
|---|---|---|---|
| 盐酸 | HCl | 12 | (密度为 1.19g/mL 的 HCl 溶液) |
| | | 8 | 666.7mL 12mol/L 的 HCl 溶液加水稀释至 1L |
| | | 6 | 12mol/L 的 HCl 溶液加等体积水稀释 |
| | | 2 | 167mL 12mol/L 的 HCl 溶液加水稀释至 1L |
| 硝酸 | $HNO_3$ | 16 | (密度为 1.42g/mL 的 $HNO_3$ 溶液) |
| | | 6 | 380mL 16mol/L 的 $HNO_3$ 溶液加水稀释至 1L |
| | | 2 | 127mL 16mol/L 的 $HNO_3$ 溶液加水稀释至 1L |

| 名称 | 化学式 | 溶液浓度<br>$c/(mol/L)$ | 配制方法 |
|---|---|---|---|
| 硫酸 | $H_2SO_4$ | 18 | (密度为 1.84g/mL 的 $H_2SO_4$ 溶液) |
| | | 6 | 322mL 18mol/L 的 $H_2SO_4$ 溶液缓慢注入 668mL 水中 |
| | | 3 | 166mL 18mol/L 的 $H_2SO_4$ 溶液缓慢注入 634mL 水中 |
| | | 1 | 56mL 18mol/L 的 $H_2SO_4$ 溶液缓慢注入 944mL 水中 |
| 醋酸 | HAc | 17 | (密度为 1.05g/mL 的 HAc 溶液) |
| | | 6 | 353mL 17mol/L 的 HAc 溶液加水稀释至 1L |
| | | 2 | 118mL 17mol/L 的 HAc 溶液加水稀释至 1L |
| | | 1 | 57mL 17mol/L 的 HAc 溶液加水稀释至 1L |
| 酒石酸 | $H_2C_4H_4O_6$ | 饱和溶液 | 将酒石酸溶于水中,使其饱和 |

## 二、碱溶液

| 名称 | 化学式 | 溶液浓度<br>$c/(mol/L)$ | 配制方法 |
|---|---|---|---|
| 氢氧化钠 | NaOH | 6 | 240g NaOH 溶于水中,冷却后稀释至 1L |
| | | 2 | 80g NaOH 溶于水中,冷却后稀释至 1L |
| 氢氧化钾 | KOH | 1 | 56g KOH 溶于水中,冷却后稀释至 1L |
| 氨水 | $NH_3 \cdot H_2O$ | 15 | (密度为 0.9g/mL 的 $NH_3 \cdot H_2O$ 溶液) |
| | | 6 | 400mL 15mol/L 的 $NH_3 \cdot H_2O$ 溶液加水稀释至 1L |
| | | 3 | 200mL 15mol/L 的 $NH_3 \cdot H_2O$ 溶液加水稀释至 1L |

## 附录四　常用指示剂

### 一、酸碱指示剂

| 指示剂名称 | pH 变色范围 | 颜色变化 | 溶液配饰方法 |
|---|---|---|---|
| 甲基紫<br>(第一变色范围) | 0.13~0.5 | 黄~绿 | 1g/L 或 0.5/L 水溶液 |
| 甲酚红<br>(第一变色范围) | 0.2~1.8 | 红~黄 | 0.04g 指示剂溶于 100mL 50%乙醇中 |
| 甲基紫<br>(第二变色范围) | 1.0~1.5 | 绿~蓝 | 1g/L 水溶液 |
| 百里酚蓝(麝香草酚蓝)<br>(第一变色范围) | 1.2~2.8 | 红~黄 | 0.1g 指示剂溶于 100mL 20%乙醇中 |
| 甲基紫<br>(第三变色范围) | 2.0~3.0 | 蓝~紫 | 1g/L 水溶液 |

| 指示剂名称 | pH 变色范围 | 颜色变化 | 溶液配饰方法 |
|---|---|---|---|
| 二甲基黄 | 2.0~4.0 | 红~黄 | 0.1g 或 0.01g 指示剂溶于 100mL 90%乙醇中 |
| 甲基橙 | 3.1~4.4 | 红~黄 | 1g/L 水溶液 |
| 溴酚蓝 | 3.0~4.6 | 黄~蓝 | 0.1g 指示剂溶于 100mL 20%乙醇中 |
| 刚果红 | 3.0~5.2 | 蓝紫~红 | 1g/L 水溶液 |
| 溴甲酚绿 | 3.8~5.4 | 黄~蓝 | 0.1g 指示剂溶于 100mL 20%乙醇中 |
| 甲基红 | 4.4~6.2 | 红~黄 | 0.1g 或 0.2g 指示剂溶于 100mL 20%乙醇中 |
| 溴酚红 | 5.0~6.8 | 黄~红 | 0.1g 或 0.04g 指示剂溶于 100mL 20%乙醇中 |
| 溴甲酚紫 | 5.2~6.8 | 黄~紫红 | 0.1g 指示剂溶于 100mL 20%乙醇中 |
| 溴百里酚蓝 | 6.0~7.6 | 黄~蓝 | 0.1g 指示剂溶于 100mL 20%乙醇中 |
| 中性红 | 6.8~8.0 | 红~亮黄 | 0.1g 指示剂溶于 100mL 20%乙醇中 |
| 酚红 | 6.8~8.0 | 黄~红 | 0.1g 指示剂溶于 100mL 20%乙醇中 |
| 甲酚红 | 7.2~8.8 | 亮黄~紫红 | 0.1g 指示剂溶于 100mL 50%乙醇中 |
| 百里酚蓝(麝香草酚蓝)(第二变色范围) | 8.0~9.6 | 黄~蓝 | 0.1g 指示剂溶于 100mL 20%乙醇中 |
| 酚酞 | 8.2~1.0 | 无色~淡红 | 0.1g 或 1g 指示剂溶于 90mL 乙醇中,加水至 100mL |
| 百里酚酞 | 9.4~10.6 | 无色~蓝 | 0.1g 指示剂溶于 90mL 乙醇中,加水至 100mL |

## 二、酸碱混合指示剂

| 指示剂名称 | 变色点 pH | 颜色 | | 指示剂溶液组成 |
|---|---|---|---|---|
| | | 酸式色 | 碱式色 | |
| 溴甲酚绿-甲基红 | 5.1 | 酒红 | 绿 | 三份 1g/L 的溴甲绿乙醇溶液<br>两份 2g/L 的甲基红乙醇溶液 |
| 甲基红-亚甲基蓝 | 5.4 | 红紫 | 绿 | 一份 2g/L 的甲基红乙醇溶液<br>一份 1g/L 的亚甲基蓝乙醇溶液 |
| 甲基橙-靛蓝(二磺酸) | 4.1 | 紫 | 黄绿 | 一份 1g/L 的甲基橙溶液<br>一份 2.5g/L 的靛蓝(二磺酸)水溶液 |
| 溴百里酚绿-甲基橙 | 4.3 | 黄 | 蓝绿 | 一份 1g/L 的溴百里酚绿钠盐水溶液<br>一份 2g/L 的甲基橙水溶液 |
| 溴甲酚紫-溴百里酚蓝 | 6.7 | 黄 | 蓝紫 | 一份 1g/L 的溴甲酚紫钠盐水溶液<br>一份 1g/L 的溴百里酚蓝钠盐水溶液 |
| 中性红-亚甲基蓝 | 7.0 | 紫蓝 | 绿 | 一份 1g/L 的中性红乙醇溶液<br>一份 1g/L 的亚甲基蓝乙醇溶液 |
| 溴百里酚蓝-酚红 | 7.5 | 黄 | 绿 | 一份 1g/L 的溴百里酚蓝钠盐水溶液<br>一份 1g/L 的酚红钠盐水溶液 |
| 甲酚红-百里酚蓝 | 8.3 | 黄 | 紫 | 一份 1g/L 的甲酚红钠盐水溶液<br>三份 1g/L 的百里酚蓝钠盐水溶液 |

## 附录五　常用酸碱的密度和浓度

| 试剂名称 | 密度/(g/cm³) | 质量分数 $w$/% | 浓度/(mol/L) |
|---|---|---|---|
| 盐酸 | 1.18~1.19 | 36~38 | 11.6~12.4 |
| 硝酸 | 1.39~1.40 | 65.0~68.0 | 14.4~15.2 |
| 硫酸 | 1.83~1.84 | 95~98 | 17.8~18.4 |
| 磷酸 | 1.69 | 85 | 14.6 |
| 高氯酸 | 1.68 | 70.0~72.0 | 11.7~12.0 |
| 冰醋酸 | 1.05 | 99.8(优级纯) | 17.4 |
|  | 1.05 | 99.0(分析纯、化学纯) | 17.4 |
| 氢氟酸 | 1.13 | 40 | 22.5 |
| 氢溴酸 | 1.49 | 47.0 | 8.6 |
| 氨水 | 0.88~0.90 | 25.0~28.0 | 13.3~14.8 |

## 附录六　常见化合物的摩尔质量

| 化合物 | $M$/(g/mol) | 化合物 | $M$/(g/mol) |
|---|---|---|---|
| $AgBr$ | 187.77 | $CaCl_2 \cdot 6H_2O$ | 219.08 |
| $AgCl$ | 143.32 | $Ca(NO_3)_2 \cdot 4H_2O$ | 236.15 |
| $AgCN$ | 133.89 | $Ca(OH)_2$ | 74.09 |
| $AgSCN$ | 165.95 | $Ca_3(PO_4)_2$ | 310.18 |
| $Ag_2CrO_4$ | 331.73 | $CaSO_4$ | 136.14 |
| $AgI$ | 234.77 | $CdCO_3$ | 172.42 |
| $AgNO_3$ | 169.87 | $CdCl_2$ | 183.32 |
| $AlCl_3$ | 133.34 | $CdS$ | 144.47 |
| $AlCl_3 \cdot 6H_2O$ | 241.43 | $Ce(SO_4)_2$ | 332.24 |
| $Al(NO_3)_3$ | 213.00 | $Ce(SO_4)_2 \cdot 4H_2O$ | 404.30 |
| $BaC_2O_4$ | 225.35 | $C_6H_8O_6$(维生素 C) | 176.13 |
| $BaCrO_4$ | 253.32 | $CoCl_2$ | 129.84 |
| $BaO$ | 153.33 | $CoCl_2 \cdot 6H_2O$ | 237.93 |
| $Ba(OH)_2$ | 171.34 | $Co(NO_3)_2$ | 132.94 |
| $BaSO_4$ | 233.39 | $Co(NO_3)_2 \cdot 6H_2O$ | 291.03 |
| $BiCl_3$ | 315.34 | $CoS$ | 90.99 |
| $BiOCl$ | 260.43 | $CoSO_4$ | 154.99 |
| $CO_2$ | 44.01 | $Co(NH_2)_2$ | 60.06 |
| $CaO$ | 56.08 | $CrCl_3$ | 158.35 |
| $CaCO_3$ | 100.09 | $CrCl_3 \cdot 6H_2O$ | 266.45 |
| $CaC_2O_4$ | 128.10 | $Cr(NO_3)_3$ | 238.01 |
| $CaCl_2$ | 110.99 | $Cr_2O_3$ | 151.99 |

| 化合物 | $M/(\text{g/mol})$ | 化合物 | $M/(\text{g/mol})$ |
|---|---|---|---|
| $CuCl$ | 98.999 | $H_2C_2O_4$ | 90.035 |
| $CuCl_2$ | 134.45 | $H_2C_2O_4 \cdot 2H_2O$ | 126.07 |
| $CuCl_2 \cdot 2H_2O$ | 170.48 | $HCl$ | 36.461 |
| $CuSCN$ | 121.62 | $HClO_4$ | 100.46 |
| $CuI$ | 190.45 | $HF$ | 20.006 |
| $Cu(NO_3)_2$ | 187.56 | $HI$ | 127.91 |
| $Cu(NO_3)_2 \cdot 3H_2O$ | 241.60 | $HIO_3$ | 175.91 |
| $Al(NO_3)_3 \cdot 9H_2O$ | 375.13 | $HNO_3$ | 63.013 |
| $Al_2O_3$ | 101.96 | $HNO_2$ | 47.013 |
| $Al(OH)_3$ | 78.00 | $H_2O$ | 18.015 |
| $Al_2(SO_4)_3$ | 342.14 | $H_2O_2$ | 34.015 |
| $As_2O_3$ | 197.84 | $H_3PO_4$ | 97.995 |
| $As_2O_5$ | 229.84 | $H_2S$ | 34.08 |
| $As_2S_3$ | 246.02 | $H_2SO_3$ | 82.07 |
| $BaCO_3$ | 197.34 | $H_2SO_4$ | 98.07 |
| $BaCl_2$ | 208.24 | $Hg(CN)_2$ | 252.63 |
| $BaCl_2 \cdot 2H_2O$ | 244.27 | $HgCl_2$ | 271.50 |
| $CuO$ | 79.545 | $Hg_2Cl_2$ | 472.09 |
| $Cu_2O$ | 143.09 | $HgI_2$ | 454.40 |
| $CuS$ | 95.61 | $Hg(NO_3)_2$ | 324.60 |
| $CuSO_4$ | 159.60 | $Hg_2(NO_3)_2$ | 525.19 |
| $CuSO_4 \cdot 5H_2O$ | 249.68 | $Hg_2(NO_3)_2 \cdot 2H_2O$ | 561.22 |
| $FeCl_2$ | 126.75 | $HgO$ | 216.59 |
| $FeCl_2 \cdot 4H_2O$ | 198.81 | $HgS$ | 232.65 |
| $FeCl_3$ | 162.21 | $HgSO_4$ | 296.65 |
| $FeCl_3 \cdot 6H_2O$ | 270.30 | $Hg_2SO_4$ | 497.24 |
| $(NH_4)_2Fe(SO_4)_2 \cdot 12H_2O$ | 392.13 | $I_2$ | 253.81 |
| $Fe(NO_3)_3$ | 241.86 | $KAl(SO_4)_2 \cdot 12H_2O$ | 474.38 |
| $Fe(NO_3)_3 \cdot 9H_2O$ | 404.00 | $KBr$ | 119.00 |
| $FeO$ | 71.846 | $KBrO_3$ | 167.00 |
| $Fe_2O_3$ | 159.69 | $KCl$ | 74.551 |
| $Fe_3O_4$ | 231.54 | $KClO_3$ | 122.55 |
| $FeS$ | 87.91 | $KClO_4$ | 138.55 |
| $Fe_2S_3$ | 207.87 | $KCN$ | 65.116 |
| $FeSO_4$ | 151.90 | $KSCN$ | 97.18 |
| $FeSO_4 \cdot 7H_2O$ | 278.01 | $K_2CO_3$ | 138.21 |
| $Fe(NH_4)_2(SO_4)_2 \cdot 12H_2$ | 382.13 | $K_2CrO_4$ | 194.19 |
| $H_3AsO_3$ | 125.94 | $K_2Cr_2O_7$ | 294.18 |
| $H_3AsO_4$ | 141.94 | $KHC_2H_4O_4(KHP)$ | 204.22 |
| $H_3BO_3$ | 31.83 | $K_3Fe(CN)_6$ | 329.25 |
| $HBr$ | 80.912 | $K_4Fe(CN)_6$ | 368.35 |
| $HCN$ | 27.026 | $K_4Fe(CN)_6 \cdot 3H_2O$ | 422.41 |
| $HCOOH$ | 46.026 | $KFe(SO_4)_2 \cdot 12H_2O$ | 503.24 |
| $CH_3COOH$ | 60.052 | $KHC_2O_4 \cdot H_2O$ | 146.14 |
| $H_2CO_3$ | 62.025 | $KHC_2O_4 \cdot H_2C_2O_4 \cdot 2H_2O$ | 254.19 |

| 化合物 | $M/(g/mol)$ | 化合物 | $M/(g/mol)$ |
|---|---|---|---|
| $KHC_4H_4O_6$ | 188.18 | $NH_4VO_3$ | 116.98 |
| $KHSO_4$ | 136.16 | $Na_3AsO_3$ | 191.89 |
| $KI$ | 166.00 | $Na_2B_4O_7$ | 201.22 |
| $KIO_3$ | 214.00 | $Na_2B_4O_7 \cdot 10H_2O$ | 381.37 |
| $KMnO_4$ | 158.03 | $NaBiO_3$ | 279.97 |
| $KNaC_4H_4O_6 \cdot 4H_2O$ | 282.22 | $NaCN$ | 49.007 |
| $KNO_3$ | 101.10 | $NaSCN$ | 81.07 |
| $KNO_2$ | 85.104 | $Na_2CO_3$ | 105.99 |
| $K_2O$ | 94.196 | $Na_2CO_3 \cdot 10H_2O$ | 286.14 |
| $KOH$ | 56.106 | $Na_2C_2O_4$ | 134.00 |
| $K_2SO_4$ | 174.25 | $NaCl$ | 58.443 |
| $LiBr$ | 86.84 | $NaClO$ | 74.442 |
| $LiI$ | 133.85 | $NaClO_4$ | 122.44 |
| $MgCO_3$ | 84.314 | $NaHCO_3$ | 84.007 |
| $MgCl_2$ | 95.211 | $Na_2HPO_4 \cdot 12H_2O$ | 358.14 |
| $MgCl_2 \cdot 6H_2O$ | 203.30 | $Na_2H_2Y \cdot 2H_2O$ | 372.24 |
| $Mg(NO_3)_2$ | 148.31 | $NaNO_2$ | 68.995 |
| $Mg(NO_3)_2 \cdot 6H_2O$ | 256.41 | $NaNO_3$ | 84.995 |
| $MgNH_4PO_4$ | 137.32 | $Na_2O$ | 61.979 |
| $MgO$ | 40.304 | $Na_2O_2$ | 77.978 |
| $Mg(OH)_2$ | 58.32 | $NaOH$ | 39.997 |
| $Mg_2P_2O_7$ | 222.55 | $Na_3PO_4$ | 163.94 |
| $MgSO_4$ | 120.36 | $Na_2S$ | 78.04 |
| $MgSO_4 \cdot 7H_2O$ | 246.47 | $Na_2S \cdot 9H_2O$ | 240.18 |
| $MnCO_3$ | 114.95 | $Na_2SO_3$ | 126.04 |
| $MnO$ | 70.937 | $Na_2SO_4$ | 142.04 |
| $MnO_2$ | 86.937 | $Na_2S_2O_3$ | 158.10 |
| $MnS$ | 87.00 | $Na_2S_2O_3 \cdot 5H_2O$ | 248.17 |
| $MnSO_4$ | 151.00 | $NiCl_2 \cdot 6H_2O$ | 237.69 |
| $MnSO_4 \cdot 4H_2O$ | 223.06 | $NiO$ | 74.69 |
| $NO$ | 30.006 | $Ni(NO_3)_2 \cdot 6H_2O$ | 290.79 |
| $NO_2$ | 46.006 | $NiS$ | 90.75 |
| $NH_3$ | 17.03 | $NiSO_4 \cdot 7H_2O$ | 280.85 |
| $CH_3COONH_4$ | 77.083 | $NiC_8H_{14}O_4N_4$（丁二酮肟镍） | 288.91 |
| $CH_3COONa$ | 82.034 | $P_2O_5$ | 141.94 |
| $NH_4Cl$ | 53.491 | $PbCO_3$ | 267.20 |
| $(NH_4)_2CO_3$ | 96.086 | $PbC_2O_4$ | 295.22 |
| $(NH_4)_2C_2O_4$ | 124.10 | $PbCl_2$ | 278.10 |
| $NH_4SCN$ | 76.12 | $Pb(NO_3)_2$ | 331.20 |
| $NH_4HCO_3$ | 79.055 | $PbCrO_4$ | 323.20 |
| $(NH_4)_2MoO_4$ | 196.01 | $Pb(CH_3COO)_2$ | 325.30 |
| $NH_4NO_3$ | 80.043 | $PbI_2$ | 461.00 |
| $(NH_4)_2HPO_4$ | 132.06 | $PbO$ | 223.20 |
| $(NH_4)_2S$ | 68.14 | $PbO_2$ | 239.20 |
| $(NO_4)_2SO_4$ | 132.13 | $Pb_3(PO_4)_2$ | 811.54 |

| 化合物 | $M/(g/mol)$ | 化合物 | $M/(g/mol)$ |
|---|---|---|---|
| PbS | 239.30 | $SrC_2O_4$ | 175.64 |
| $PbSO_4$ | 303.30 | $SrCrO_4$ | 203.61 |
| $SO_3$ | 80.06 | $Sr(NO_3)_2$ | 211.63 |
| $SO_2$ | 64.06 | $SrSO_4$ | 183.68 |
| $SbCl_3$ | 238.11 | $TiO_2$ | 79.90 |
| $SbCl_5$ | 299.02 | $V_2O_5$ | 181.88 |
| $Sb_2O_3$ | 291.50 | $WO_3$ | 231.85 |
| $Sb_2S_3$ | 339.68 | $ZnCO_3$ | 125.39 |
| $SiF_4$ | 104.08 | $ZnC_2O_4$ | 153.40 |
| $SiO_2$ | 60.084 | $ZnCl_2$ | 136.29 |
| $SnCl_2$ | 189.62 | $Zn(CH_3COO)_2$ | 183.47 |
| $SnCl_2 \cdot 2H_2O$ | 225.65 | $Zn(NO_3)_2$ | 189.39 |
| $SnCl_4$ | 260.52 | $Zn(NO_3)_2 \cdot 6H_2O$ | 297.48 |
| $SnCl_4 \cdot 5H_2O$ | 350.596 | $ZnO$ | 81.38 |
| $SnO_2$ | 150.71 | $ZnS$ | 97.44 |
| $SnS$ | 150.776 | $ZnSO_4$ | 161.44 |
| $SrCO_3$ | 147.63 | $ZnSO_4 \cdot 7H_2O$ | 287.54 |

# 参 考 文 献

［1］ 华东理工大学分析化学教研组，四川大学. 分析化学. 第 6 版. 北京：高等教育出版社，2009.

［2］ 司学芝，刘捷. 分析化学. 北京：化学工业出版社，2010.

［3］ 凌昌都，顾明华. 无机物定量分析基础. 第 2 版. 北京：化学工业出版社，2010.

［4］ 李楚芝，王桂芝. 分析化学实验. 第 3 版. 北京：化学工业出版社，2012.

［5］ 张振宇. 化工分析. 第 3 版. 北京：化学工业出版社，2008.

［6］ 武汉大学. 分析化学实验. 第 5 版. 北京：高等教育出版社，2011.

［7］ 张小康. 化学分析基本操作. 化学工业出版社，2000.